ASSEMBLER

griffbereit

Joachim Erdweg

Erdweg, Joachim:
Assembler griffbereit / von Joachim Erdweg. –
Braunschweig; Wiesbaden: Vieweg, 1992

IBM® ist ein eingetragenes Warenzeichen der International Business Machines Corporation. Microsoft® und MS-DOS® sind eingetragene Warenzeichen der Microsoft Corporation. Intel®, 386®, 486® und i486® sind eingetragene Warenzeichen der Intel Corporation.

Das in diesem Buch enthaltene Programm-Material ist mit keiner Verpflichtung oder Garantie irgendeiner Art verbunden. Der Autor und der Verlag übernehmen infolgedessen keine Verantwortung und werden keine daraus folgende oder sonstige Haftung übernehmen, die auf irgendeine Art aus der Benutzung dieses Programm-Materials oder Teilen davon entsteht.

Der Verlag Vieweg ist ein Unternehmen
der Verlagsgruppe Bertelsmann International.

Gedruckt auf säurefreiem Papier
ISBN 978-3-528-05231-7   ISBN 978-3-322-86810-7 (eBook)
DOI 10.1007/978-3-322-86810-7

Einführung

Für jeden Programmierer, der auf Assembler-Ebene arbeitet, ist es notwendig, die Prozessor-Befehle und die MS-DOS-Funktionen nachschlagen zu können. Denn die **211 prozessorspezifischen Anweisungen** im ersten Teil des Buches und die **151 MS-DOS-Anweisungen** im zweiten Teil kann man nicht im Kopf haben.

Die detailierte Beschreibung erfolgt in Tabellenform. Tabellen haben den Vorteil, daß die gesuchten Informationen schnell zu finden sind. Dies wird durch die Verwendung von grafischen Symbolen zusätzlich unterstützt. Die Bedeutung der einzelnen Tabellenfelder entnehmen Sie bitte den folgenden Tabellen 1 bis 4.

Mnemonik des Prozessor-Befehls					
Befehl	Opcode	486	386	286	86
Syntax	Maschinencode	Ausführungszeit in Prozessortakten			
🏳 O D I T S		Z A	P	C	
Zustand der einzelnen Flags nach der Befehlsausführung					

Tabelle 1 Prozessor-Befehle

MS DOS	Funktionen, die das Betriebssystem intern betreffen (z.B. Festlegung der Sprache)
	Befehle für die Benutzerschnittstelle (Zeichenein- bzw. -ausgabe)
	Befehle für die Behandlung von Laufwerken und Dateien
	Befehle für den Datenaustausch mit Peripheriegeräten (Drucker, u.a.)
	Befehle für die Steuerung von Peripheriegeräten, auch in Netzwerken
	Befehle, die sich auf den Arbeitsspeicher und die Programmverwaltung beziehen

Tabelle 2 Klassifizierung der Interrupt-21h-Funktionen

Funktionsbezeichnung Original Microsoft-Bezeichnung	gültig ab DOS-Version	Funktions- nummer
➤ Aufrufparameter mit Registerangabe. Wenn diese Angabe fehlt, erfolgt ein Aufruf nur mit der Funktionsnummer.		
☑ Rückgabe bei fehlerfreier Ausführung		
☒ Rückgabe bei fehlerbehafteter Ausführung		
🏳 Auflistung der Flags, die verändert werden.		

Tabelle 3 Interrupt-21h-Funktionen

Zudem folgen jeder Tabelle zwei Zeilen mit zusätzlichen Erläuterungen zu dem Prozessor-Befehl bzw. zu der Interrupt-21h-Funktion.

⚠	Worauf besonders zu achten ist, steht in diesem Feld. Auch weitergehende Hinweise und Tips sind hier zu finden.
ⓘ	Hier stehen allgemeine Informationen.

Tabelle 4 Zusätzliche Tabellenfelder

Inhaltsverzeichnis

Sachwortverzeichnis

1   Prozessor-Befehle

Die Prozessoren, die in *IBM-kompatiblen* Computern eingesetzt
werden, gehören der 80x86-Familie von INTEL an. Diese verfügen
ab dem AT-Prozessor 80286 unter anderem über die Möglichkeit,
mehrere Programme quasi gleichzeitig ablaufen zu lassen (Multi-
tasking). Die Beschreibung der zahlreichen Möglichkeiten, wie sich
der Rechner verhalten kann, füllt ganze Bände. Daher wurde auf
den folgenden Seiten Wert auf eine übersichtliche Darstellung der
Befehl gelegt, die im sogenannten Real Mode, unter dem auch das
Betriebssystem MS-DOS arbeitet, zur Verfügung stehen.

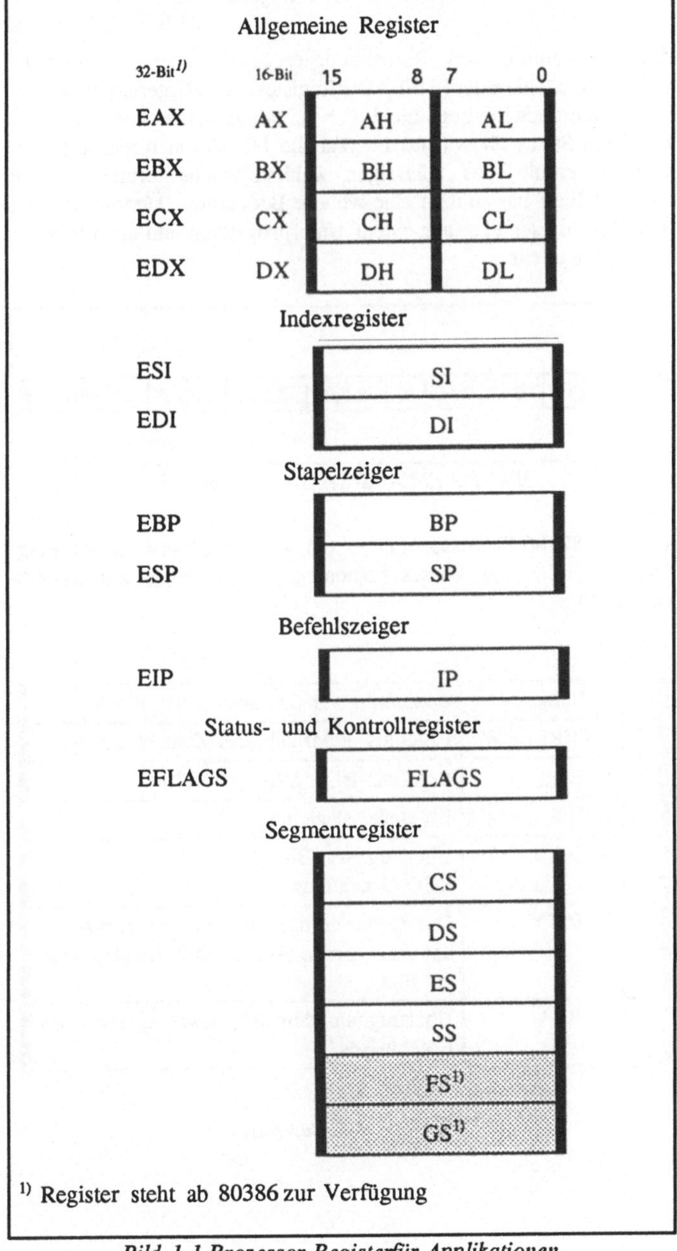

Bild 1-1 Prozessor-Register für Applikationen

1.1 Aufbau des Prozessors

Neben einigen internen Registern verfügen die Prozessoren der
80x86-Familie von INTEL über die Register in Bild 1-1. Diese
üblicherweise in Applikationsprogrammen unter MS-DOS, also im
sogenannten Real Mode des Rechners eingesetzt.

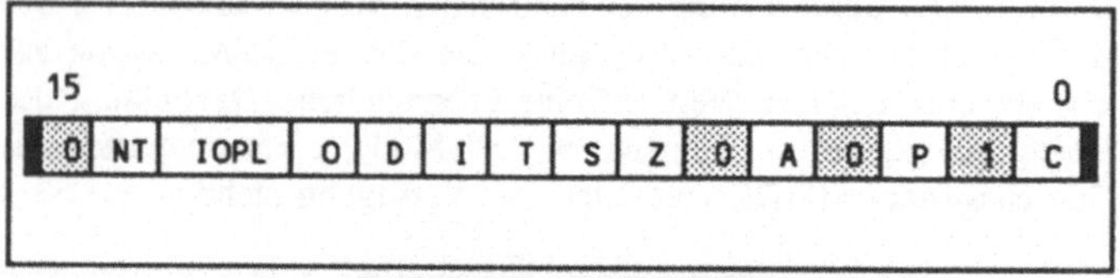

Bild 1-2 FLAGS-Register

Zur Verwaltung von Berechnungsergebnissen und Systemein-
stellungen existiert das (E)FLAGS-Register. Das Ergebnis arithmeti-
scher Operationen liegt nicht nur in numerischer Form vor. An
Hand der Status-Flags (Bild 1-2, Tabelle 1-1) läßt sich sehr leicht die
Lage innerhalb des zulässigen Zahlenbereichs ermitteln. Das
CARRY-Flag hat zu dem eine weitere Bedeutung: Überlicherweise
wird über dieses Flag aus einem Unterprogramm ein aufgetretener
Fehler mitgeteilt.

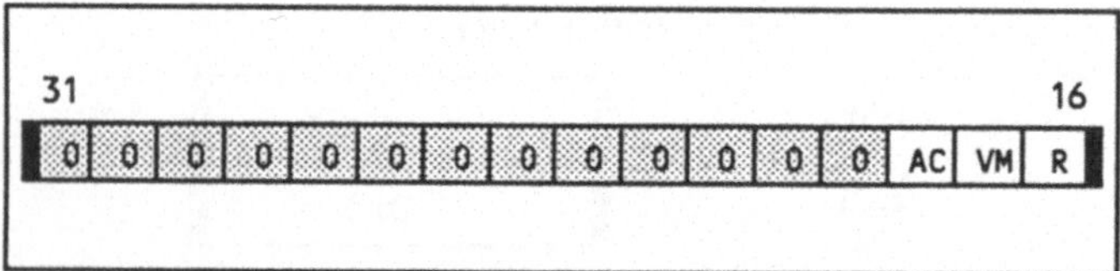

Bild 1-3 EFLAGS-Register (ab 80386)

Ab dem 80386-Prozessor gibt es ein auf 32 Bit erweitertes Flag-
Register (Bild 1-3). Dieses beinhaltet weitere Flags zur System-
Verwaltung.

	Name	Bedingung für das Setzen des Flags
O	OVERFLOW	Ergebnis außerhalb des Zahlenbereichs
S	SIGN	Ergebnis ist negativ ($<$ Null)
Z	ZERO	Ergebnis ist gleich Null
A	AUXILIARY	Übertrag von Bit 3 in das Bit 4 bei BCD-Operationen
P	PARITY	Das niederwertige Byte des Ergebnisses hat eine gerade Anzahl (auf Eins) gesetzter Bits
C	CARRY	Übertrag aus dem höchstwertigen Bit des Ergebnisses

Tabelle 1-1 Status-Flags

	Name	Bedeutung des Flags
D	DIRECTION	Ist das Flag gesetzt (= 1), erfolgt bei String-Operationen automatisch eine Dekrementierung der Index-Register, welche bei gelöschtem Flag inkrementiert werden.

Tabelle 1-2 Kontroll-Flag

	Name	Bedeutung des gesetzten Flags
T	TRAP	Prozessor arbeitet das Programm schrittweise ab (Single-Step). Der Modus dient der Fehlersuche mittels einem Debugger.
I	INTERRUPT ENABLE	Maskierbare Interrupts, die über den INTR-Eingang des Prozessors ausgelöst werden, sind erlaubt. Nicht-maskierbare Interrupt (NMI-Eingang) und Software-Interrupts INT n, INTO, INT 3 und BOUND-Befehle können nicht gesperrt werden.
IOPL	I/O PRIVILEGE LEVEL	Schutzmechanismus für den Zugriff auf den I/O-Adreßbereich.
NT	NESTED TASK	Prozessor bearbeitet Interrupt-Routine
R	RESUME	Der nächste Befehl wird im Debug-Modus ausgeführt, ohne daß der Debugger erneut aufgerufen wird.
VM	VIRTUAL-8086 MODE	Prozessor emuliert einen 8086-Prozessor
AC	ALIGNMENT CHECK	Überprüft, ob ein Speicheroperand in der richtigen Anordnung liegt (z.B. Word-Operand an gerader Adresse).

Tabelle 1-3 System-Flags

1.2 Befehlsformat

Das vollständige Befehlsformat ist in Bild 1-4 zu erkennen. Es setzt sich aus einem Befehlspräfix entsprechend Tabelle 1-4.

Präfix	Befehl
F3h	REP
F3h	REPE/REPZ
F2h	REPNE/REPNZ
F0h	LOCK

Tabelle 1-4 Befehlspräfix

Befehlspräfix	Adreßgröße	Operanden-größe	Segment-präfix
0 oder 1	0 oder 1	0 oder 1	0 oder 1
Anzahl in Bytes			

Opcode	MOD-R/M-Byte	SIB-Byte	Displace-ment	Imme-diate
1 oder 2	0 oder 1	0 oder 1	0, 1, 2 oder 4	0, 1, 2 oder 4
Anzahl in Bytes				

Bild 1-4 Befehlsformat

Präfix	Segment
2Eh	CS
36h	SS
3Eh	DS
26H	ES
64h	FS
65h	GS
66h	Operandengröße
67h	Adreßgröße

Tabelle 1-5 Segmentpräfix

Das Adreßgrößen-Byte schaltet zwischen 16- und 32-Bit-Adressierung um; Standard-Vorgabe ist die 16-Bit-Adressierung. Gleiches gilt für das Operandengrößen-Byte, das die Breite der Daten angibt. Das Segmentpräfix gibt an, welches Register für die Operation anstelle des Standard-Registers verwendet werden soll. Hierbei gilt die Tabelle 1-5. Anschließend folgt der Opcode, der in den Tabellen des Befehlsverzeichnisses zu finden ist, sowie das MOD-R/M-Byte und gegebenenfalls das SIB-Byte.

Das Displacement gibt entweder eine Adresse relativ zum Befehls-zähler oder den Offset einer Datenadresse in einem Datensegment. Wird in einer Anweisung eine Konstante (Immediate) verwendet, folgt diese als letzte Angabe, wobei das niedrigstwertige Byte entsprechend der INTEL-Konvention zuerst aufgelistet wird.

Aufbau des MOD-R/M-Byte

7	6	5	4	3	2	1	0
MOD		REG / Opcode			R/M		

Bild 1-5 MOD-R/M-Byte-Format

Das MOD-R/M-Byte (Bild 1-5) ist in drei Gruppen eingeteilt. Das MOD-Feld (Bit 6 und 7) legt eines von 8 Registern als Operand oder zusammen mit dem R/M-Feld 24 Indizierungsmethoden fest. Das REG-Feld (Bit 3 bis 5) wählt entweder ein Register oder ist ein der Opcode-Festlegung. Das R/M-Feld (Bit 0 bis 2) legt alleine ein Register oder mit dem MOD-Feld eine Indizierungsmethode fest.

REG Bit 5-4-3	/n	/r		
000	0	AL	AX	EAX
001	1	CL	CX	ECX
010	2	DL	DX	EDX
011	3	BL	BX	EBX
100	4	AH	SP	ESP
101	5	CH	BP	SBP
110	6	DH	SI	ESI
111	7	BH	DI	EDI

Tabelle 1-6 REG-Werte

Die Werte aus der Tabelle 1-6 und Tabelle 1-7 werden entsprechend den Eintragungen in den Befehlstabellen in das MOD-R/M-Byte eingesetzt. Die Angabe *disp1*, *disp2* bzw. *disp4* bedeutet, daß ein 1-, 2- oder 4-Byte-Displacement in der Adressierung verwendet wird. Wenn in der Tabelle *[-][-]* steht, weist dies darauf hin, das ein SIB-Byte folgt.

Aufbau des SIB-Byte

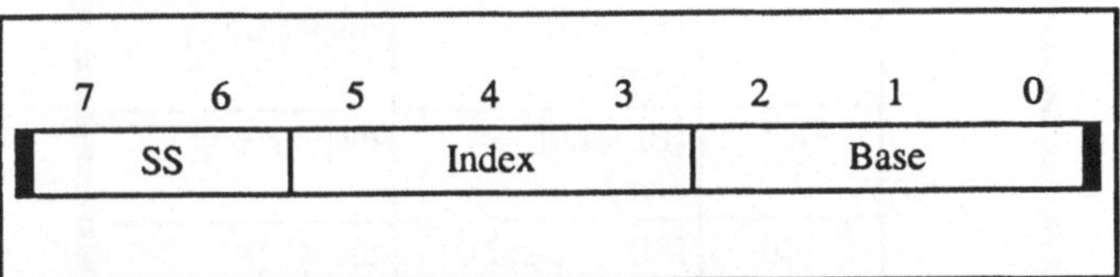

Bild 1-6 SIB-Byte-Format

Einige 32-Bit-Adressierungsarten benötigen ein Scale-Index-Base-Byte (Bild 1-6), das über das MOD-R/M-Byte festgelegt wird. Das SS-Feld (Bit 6 und 7) beinhaltet den Skalierungsfaktor (8, 16 oder 32 Bit), das Index-Feld (Bit 3 bis 5) die Nummer des Index-Registers und das Base-Feld (Bit 0 bis 2) die Nummer des Basis-Registers.

MOD	R/M	Effektive Adresse	
Bit 7-6	Bit 2-1-0	16-Bit	32-Bit
00	000	[BX+SI]	[EAX]
	001	[BX+DI]	[ECX]
	010	[BP+SI]	[EDX]
	011	[BP+DI]	[EBX]
	100	[SI]	[-][-]
	101	[DI]	disp2
	110	disp1	[ESI]
	111	[BX]	[EDI]
01	000	[BX+SI] + disp1	disp1[EAX]
	001	[BX+DI] + disp1	disp1[ECX]
	010	[BP+SI] + disp1	disp1[EDX]
	011	[BP+DI] + disp1	disp1[EBX]
	100	[SI] + disp1	disp1[-][-]
	101	[DI] + disp1	disp1[EBP]
	110	[BP] + disp1	disp1[ESI]
	111	[BX] + disp1	disp1[EDI]
10	000	[BX+SI] + disp2	disp4[EAX]
	001	[BX+DI] + disp2	disp4[ECX]
	010	[BP+SI] + disp2	disp4[EDX]
	011	[BP+DI] + disp2	disp4[EBX]
	100	[SI] + disp2	disp4[-][-]
	101	[DI] + disp2	disp4[EBP]
	110	[BP] + disp2	disp4[ESI]
	111	[BX] + disp2	disp4[EDI]
11	000	EAX/AX/AL	
	001	ECX/CX/CL	
	010	EDX/DX/DL	
	011	EBX/BX/BL	
	100	ESP/SP/AH	
	101	EBP/BP/CH	
	110	ESI/SI/DH	
	111	EDI/DI/BH	

Tabelle 1-7 MOD-R/M-Byte

SS	Index	Scale Index
Bit 7-6	Bit 2-1-0	32-Bit
00	000	[EAX]
	001	[ECX]
	010	[EDX]
	011	[EBX]
	100	none
	101	[EBP]
	110	[ESI]
	111	[EDI]
01	000	[EAX]
	001	[ECX*2]
	010	[EDX*2]
	011	[EBX*2]
	100	none
	101	[EBP*2]
	110	[ESI*2]
	111	[EDI*2]
10	000	[EAX*4]
	001	[ECX*4]
	010	[EDX*4]
	011	[EBX*4]
	100	none
	101	[EBP*4]
	110	[ESI*4]
	111	[EDI*4]
11	000	[EAX*8]
	001	[ECX*8]
	010	[EDX*8]
	011	[EBX*8]
	100	none
	101	[EBP*8]
	110	[ESI*8]
	111	[EDI*8]

Tabelle 1-8 SIB-Byte

1.3 Erläuterungen zum Befehlsverzeichnis

Innerhalb der Tabellen des Befehlsverzeichnisses werden zahlreiche Abkürzungen verwendet, die in diesem Abschnitt beschrieben werden.

Kürzel	BEFEHL Kennzeichnung des Operanden
r1	Byte-Register (AL, BL, CL, DL, AH, BH, CH, DH)
r2	Word-Register (AX, BX, CX, DX, SP, BP, SI, DI)
r4	Double-Word-Register (EAX, EBX, ECX, EDX, ESP, EBP, ESI, EDI)
m1	Byte-Inhalt eines Speicheroperanden
m2	Word-Inhalt eines Speicheroperanden
m4	Double-Word-Inhalt eines Speicheroperanden
rel1	Adresse relativ zum (E)IP-Register mit 1-Byte-Abstand (-127 ... +128)
rel2	Relativ-Adresse mit 2-Byte-Abstand (-32768 ... +32767)
rel4	Relativ-Adresse mit 4-Byte-Abstand
c1	Byte-Konstante
c2	Word-Konstante
c4	Double-Word-Konstante
m2:2 m2:4	FAR-Zeiger auf Speicheroperanden, der sich aus Segmentadresse:Offset zusammensetzt
m2&2 m2&4 m4&4	Datenpaar, deren Länge in Byte links und rechts vom &-Zeichen angegeben ist
moffs1	Byte-Speicheroperand
moffs2	Word-Speicheroperand
moffs4	Double-Word-Speicheroperand
SegR	Segmentregister (ES: 0, CS: 1, SS: 2, DS: 3, FS: 4, GS: 5)

Kürzel	OPCODE	
/r	MOD-R/M-Byte enthält einen Register- und einen Register- oder Speicheroperanden	
/Ziffer	REG-Feld des MOD-R/M-Operanden enthält die Ziffer. Das MOD- und das R/M-Feld werden entsprechend dem r/m-Operanden ausgefüllt.	
cb	Byte-Wert	hinter Opcode beinhaltet Code-Offset oder neuen Wert für das CS-Register
cw	Word-Wert	
cd	Double-Word-Wert	
cp	6-Byte-Wert	
ib	Byte-Konstante	als letzte Angabe eines Befehls, wobei das niedrigstwertige Byte zuerst gespeichert wird
iw	Word-Konstante	
id	Double-Word-Konstante	

Kürzel	OPCODE	
+rb	Byte-Registerindex	entsprechend Tabelle 1-6
+rw	Word-Registerindex	wird zum Wert links vom Kürzel addiert und bildet
+rd	Double-Word-Registerindex	den Opcode

Spalten 486-386-286-86

In diesen Spalten ist die Anzahl der Taktzyklen angegeben, die er Prozessor zur Befehlsausführung benötigt. Wichtig ist, daß dabei davon ausgegangen wird, daß der sich Befehl bereit zur Ausführung im Prozessor geladen ist und es zu keinen Ausnahmebedingungen kommt (Bus-Wartezyklen etc.).

Wird eine Zahl mit dem Buchstaben 'p' angeführt, handelt es sich um die für den Protected Mode geltende Angabe. Fehlt dieser Buchstabe, sind die Ausführungszeiten im Real und im Protected Mode gleich. Es ist zu beachten, das die Zeitangaben bei Sprunganweisungen und beim CALL-Befehl nur den Real Mode berücksichtigen, da es im Protected Mode je nach Privilegstufe zum Teil erheblich Unterschiede gibt. Bei Befehlen mit einem r/m-Operanden bezieht sich die erste Zahl auf einen Register, die zweite auf einen Speicheroperanden.

'm' steht für die Zahl der Befehlbytes der nächsten ausführbaren Anweisung. In der Spalte 86 deutet die Zeichen '+' hinter der Zahlenangabe darauf hin, daß eine Konstante entsprechend Tabelle 1-9 addiert werden muß.

Takte	Adressierung
6	direkt
9	Indexregister mit Displacement
5	Indexregister ohne Displacement
5	BX-Register ohne Displacement
9	BX-/BP-Register mit Displacement
7 oder 8	BX-/BP-Register und Indexregister
11 oder 12	BX-/BP-Register, Indexregister und Displacement
2	Segmentpräfix
4	Word an ungerade Adresse

Tabelle 1-9 Konstanten für 8086-Taktzyklen

Zeile FLAGS

Diese Zeile gibt an, in welcher Form das FLAGS-Register durch den Befehl verändert wird.

⚑	FLAGS Bedeutung der Symbole
0	Löscht Flag
1	Setzt Flag
+	Zustand ergibt sich aus Ergebnis
?	undefinierter Zustand nach Befehlsausführung
=0	Testet auf gelöschtes Flag
=1	Testet auf gesetztes Flag

1.4 Befehlsverzeichnis

AAA									
Befehl		Opcode		486	386	286	86		
AAA		37		3	4	3	8		
⚑	O	D	I	T	S	Z	A	P	C
	?				?	?	+	?	+

⚠ AL enthält noch diesem Befehl einen Wert zwischen 00h und 09h. Ist der ursprüngliche Wert größer als 09h gewesen, wird das AH-Register inkrementiert und die Flags CARRY und AUXILIARY gesetzt.
Wenn anschließend der Befehl OR AL, 30h durchgeführt wird, steht in AL die entsprechende ASCII-Ziffer.

ⓘ ASCII-Korrektur von AL nach Addition

AAD									
Befehl		Opcode		486	386	286	86		
AAD		D5 0A		14	19	14	60		
⚑	O	D	I	T	S	Z	A	P	C
	?				+	+	?	+	?

⚠ Wandelt eine gepackte BCD-Zahl im AX-Register (höherwertige Ziffer in AH, niederwertige in AL) in eine Dualzahl in AX um.

ⓘ ASCII-Korrektur von AX vor Division

AAM									
Befehl		Opcode		486	386	286	86		
AAM		D4 0A		15	17	16	83		
⚑	O	D	I	T	S	Z	A	P	C
	?				+	+	?	+	?

⚠ Wandelt eine Dualzahl im AX-Register in eine gepackte BCD-Zahl (höherwertige Ziffer in AH, niederwertige in AL) um.

ⓘ ASCII-Korrektur von AX nach Multiplikation

AAS							
Befehl		Opcode		486	386	286	86
AAS		3F		3	4	3	8

$\not\vdash$	O	D	I	T	S	Z	A	P	C
	?				?	?	+	?	+

⚠ AL enthält noch diesem Befehl einen Wert zwischen 00h und 09h. Ist der ursprüngliche Wert größer als 09h gewesen, wird das AH-Register inkrementiert und die Flags CARRY und AUXILIARY gesetzt.
Wenn anschließend der Befehl OR AL, 30h durchgeführt wird, steht in AL die entsprechende ASCII-Ziffer.

ⓘ ASCII-Korrektur von AL nach Subtraktion

ADC							
Befehl		Opcode		486	386	286	86
ADC r1/m1, r1	10	/r		1 3	2 7	2 7	3+ 16+
ADC r2/m2, r2 ADC r4/m4, r4	11	/r		1 3	2 7	2 7	3+ 16+
ADC r1, r1/m1	12	/r		1 2	2 6	2 7	3+ 9+
ADC r2, r2/m2 ADC r4, r4/m4	13	/r		1 2	2 6	2 7	3+ 9+
ADC AL, c1	14	ib		1	2	3	4
ADC AX, c2	15	iw		1	2	3	4
ADC EAX, c4	15	id		1	2		
ADC r1/m1, c1	80	/2 ib		1 3	2 7	3 7	4+ 17+
ADC r2/m2, c2	81	/2 iw		1 3	2 7	3 7	4+ 17+
ADC r4/m4, c4	81	/2 ib		1 3	2 7	3 7	4+ 17+
ADC r2/m2, c1 ADC r4/m4, c1	83	/2 ib		1 3	2 7		

$\not\vdash$	O	D	I	T	S	Z	A	P	C
	+				+	+	+	+	+

⚠ Der Wert des Carry-Bits wird zur Summe der Operanden hinzuaddiert.

ⓘ Addition mit Carry

ADD							
Befehl		Opcode		486	386	286	86
ADD AL, c1	04	ib		1	2	3	4
ADD AX, c1	05	iw		1	2	3	4
ADD EAX, c1	05	id		1	2		
ADD r1/m1, c1	80	/0 ib		1 3	2 7	3 7	4+ 17+
ADD r2/m2, c2	81	/0 iw		1 3	2 7	3 7	4+ 17+
ADD r4/m4, c4	81	/0 id		1 3	2 7		
ADD r2/m2, c1 ADD r4/m4, c1	83	/0 ib		1 3	2 7	3 7	4+ 17+

ADD

Befehl	Opcode		486	386	286	86
ADD r1/m1, r1	00	/r	1 3	2 7	2 7	3+ 16+
ADD r2/m2, r2 ADD r4/m4, r4	01	/r	1 3	2 7	2 7	3+ 16+
ADD r1, r1/m1	02	/r	1 2	2 6	2 7	3+ 9+
ADD r2, r2/m2 ADD r4, r4/m4	03	/r	1 2	2 6	2 7	3+ 9+

⚑	O	D	I	T	S	Z	A	P	C
	+				+	+	+	+	+

⚠ Addiert beide Operanden und schreibt das Ergebnis in den ersten Operanden.

ⓘ Addition

AND

Befehl	Opcode		486	386	286	86
AND r1/m1, r1	20	/r	1 3	2 7	2 7	3+ 16+
AND r2/m2, r2 AND r4/m4, r4	21	/r	1 3	2 7	2 7	3+ 16+
AND r1, r1/m1	22	/r	1 2	2 6	2 7	3+ 9+
AND r2, r2/m2 AND r4, r4/m4	23	/r	1 2	2 6	2 7	3+ 9+
AND AL, c1	24	ib	1	2	3	4
AND AX, c2	25	iw	1	2	3	4
AND EAX, c4	25	id	1	2		
AND r1/m1, c1	80	/4 ib	1 3	2 7	3 7	4+ 17+
AND r2/m2, c2	81	/4 iw	1 3	2 7	3 7	4+ 17+
AND r4/m4, c4	81	/4 id	1 3	2 7		
AND r2/m2, c1 AND r4/m4, c1	83	/4 ib	1 3	2 7		

	O	D	I	T	S	Z	A	P	C
	0				+	+	?	+	0

⚠ Sind die gleichwertigen Bits jeweils gleich 1, wird das entsprechende Ergebnisbit gleich 1 gesetzt. Ansonsten ist das Ergebnisbit gleich 0.

ⓘ Logische UND-Verknüpfung

ARPL

Befehl	Opcode		486	386	286	86
ARPL r2/m2, r2	63	/r	9 9	20 21	10 11	

⚑	O	D	I	T	S	Z	A	P	C
						+			

⚠ Nur im Protected Mode der Prozessoren ab 80286 einsetzbar.

ⓘ Korrektur des *Requested-Privilege-Level*-Feldes (RPL).

BOUND

Befehl	Opcode		486	386	286	86
BOUND r2, m2&m2 BOUND r4, m4&m4	62	/r	7	10	13	

⚑	O	D	I	T	S	Z	A	P	C

⚠ Wenn der Index nicht im angegebenen Bereich liegt, wird ein Interrupt 5 ausgelöst, dessen Rücksprung wieder auf dem BOUND-Befehl erfolgt.

ⓘ Überprüfung, ob ein vorzeichenbehafteter Feld-Index innerhalb der angegebenen Unter- (links von &) und Obergrenze (rechts von &) liegt.

BSF

Befehl	Opcode	486	386
BSF r1, r1/m1 BSF r4, r4/m4	0F BC	6 – 42 7 – 43	10 + 3n

⚑	O	D	I	T	S	Z	A	P	C
						+			

⚠ Durchsucht die Bits im zweiten Operanden beginnend mit dem niederwertigsten Bit. Wird ein gesetztes Bit gefunden, enthält das Zielregister den Index auf das erste gesetzte Bit und das ZERO-Flag ist gesetzt. Ansonsten ist das ZERO-Flag gelöscht.

ⓘ Bit suchen - vorwärts

BSR

Befehl	Opcode	486	386
BSR r1, r1/m1 BSR r4, r4/m4	0F BD	6 – 103 7 – 104	10 + 3n

⚑	O	D	I	T	S	Z	A	P	C
						+			

⚠ Durchsucht die Bits im zweiten Operanden beginnend mit dem höchstwertigen Bit. Wird ein gesetztes Bit gefunden, enthält das Zielregister den Index auf das erste gesetzte Bit und das ZERO-Flag ist gesetzt. Ansonsten ist das ZERO-Flag gelöscht.

ⓘ Bit suchen - rückwärts

BSWAP

Befehl	Opcode		486	386
BSWAP r4	0F C8	/r	1	

⚑	O	D	I	T	S	Z	A	P	C

⚠ Vertauscht die Byte-Ordnung von der kleinen/großen Endian-Form in die große/kleine Endian-Form:

$$
\begin{aligned}
\text{Temp} &\leftarrow \text{r4} \\
\text{r4}[7..0] &\leftarrow \text{Temp}[31..24] \\
\text{r4}[15..8] &\leftarrow \text{Temp}[23..16] \\
\text{r4}[23..16] &\leftarrow \text{Temp}[15..8] \\
\text{r4}[31..24] &\leftarrow \text{Temp}[7..0]
\end{aligned}
$$

ⓘ Vertauscht die Byte-Reihenfolge in einem 4-Byte-Register

BT

Befehl	Opcode	486	386
BT r2/m2, r2 BT r4/m4, r4	OF A3	3 8	3 12
BT r2/m2, c1 BT r4/m4, c1	OF BA /4 ib	3 3	3 6

⚐	O	D	I	T	S	Z	A	P	C
									+

⚠ Überprüft das Bit des Datums im ersten Operanden mit dem Index, der im zweiten Operanden angegeben ist.

ⓘ Bit prüfen und im Carry-Flag speichern

BTC

Befehl	Opcode	486	386
BTC r2/m2, r2 BTC r4/m4, r4	OF BB	6 13	6 13
BTC r2/m2, c1 BTC r4/m4, c1	OF BA /7 ib	6 8	6 8

⚐	O	D	I	T	S	Z	A	P	C
									+

⚠ Überprüft das Bit des Datums im ersten Operanden mit dem Index, der im zweiten Operanden angegeben ist. Das Komplement dieses Bits wird im Carry-Flag gespeichert.

ⓘ Bit prüfen und dessen Komplement im Carry-Flag speichern

BTR

Befehl	Opcode	486	386
BTR r2/m2, r2 BTR r4/m4, r4	OF B3	6 13	6 13
BTR r2/m2, c1 BTR r4/m4, c1	OF BA /6 ib	6 8	6 8

⚐	O	D	I	T	S	Z	A	P	C
									+

⚠ Überprüft das Bit des Datums im ersten Operanden mit dem Index, der im zweiten Operanden angegeben ist. Dieses Bit wird im Carry-Flag gespeichert und anschließend auf Null gesetzt.

ⓘ Bit prüfen, im Carry-Flag speichern und anschließend auf Null setzen.

BTS

Befehl	Opcode	486	386
BTS r2/m2, r2 BTS r4/m4, r4	OF AB	6 13	6 13
BTS r2/m2, c1 BTS r4/m4, c1	OF BA /5 ib	6 8	6 8

⚐	O	D	I	T	S	Z	A	P	C
									+

⚠ Überprüft das Bit des Datums im ersten Operanden mit dem Index, der im zweiten Operanden angegeben ist. Dieses Bit wird im Carry-Flag gespeichert und anschließend auf Eins gesetzt.

BTS	
(i)	Bit prüfen, im Carry-Flag speichern und anschließend auf Eins setzen.

CALL

Befehl	Opcode		486	386	286	86
CALL rel2	E8	cw	3	7+m	7	19
CALL rel4	E8	cd	3	7+m		
CALL r2/m2	FF	/2	5	7+m	7	16+
CALL r4/m4	FF	/2	5	10+m	11	21+
CALL ptr2:2	9A	cd	18	17+m	13	28
			p20	p34+m	p26	
CALL ptr2:4	9A	cp	18	17+m		
			p20	p34+m		
CALL m2:2	FF	/3	17	22+m	16	37+
CALL m2:4	FF	/3	p20	p38+m	29	

⚑	O	D	I	T	S	Z	A	P	C

⚠	Beim 80286-Prozessor erhöht sich die Ausführungszeit des nächsten Befehls um einen Taktzyklus. In Bezug auf die Taktzyklen ist diese Tabelle nicht vollständig, da es sehr große Unterschiede bei Unterprogrammaufrufen im Protected Mode gibt.
(i)	Unterprogramm aufrufen

CBW

Befehl	Opcode	486	386	286	86
CBW	98	3	3	2	2

⚑	O	D	I	T	S	Z	A	P	C

⚠	Das Vorzeichen (höchstwertiges Bit) von AL wird in alle Bitstellen des AH-Registers übertragen.
(i)	Wandelt ein Byte in AL in ein Word in AX um

CDQ

Befehl	Opcode	486	386
CDQ	99	3	2

⚑	O	D	I	T	S	Z	A	P	C

⚠	Das Vorzeichen (höchstwertiges Bit) von EAX wird in alle Bitstellen des EDX-Registers übertragen.
(i)	Wandelt ein Double-Word (4 Byte) in EAX in ein Quad-Word (8 Byte) in EDX:EAX um

CLC

Befehl	Opcode	486	386	286	86
CLC	F8	2	2	2	2

⚑	O	D	I	T	S	Z	A	P	C
									0

(i)	Carry-Flag löschen

CLD						
Befehl	Opcode	486	386	286	86
CLD	FC	2	2	2	2

⚐	O	D 0	I	T	S	Z	A	P	C

ⓘ Direction-Flag löschen

CLI						
Befehl	Opcode	486	386	286	86
CLI	FA	5	3	3	2

⚐	O	D	I 0	T	S	Z	A	P	C

ⓘ Interrupt-Enable-Flag löschen

CLTS						
Befehl	Opcode	486	386	286	86
CLTS	0F 06	7	5	2	

⚐	O	D	I	T	S	Z	A	P	C

⚠ Dieser Befehl ist nur für fie Betriebssystemprogrammierung, jedoch nicht für Applikationsprogramme vorgesehen. Nur im Protected Mode der Prozessoren ab 80286 einsetzbar.

ⓘ Task-Switch-Flag im Kontrollregister CR0 des Prozessors löschen

CMC						
Befehl	Opcode	486	386	286	86
CMC	F5	2	2	2	2

⚐	O	D	I	T	S	Z	A	P	C +

ⓘ Carry-Flag komplementieren

CMP							
Befehl	Opcode		486	386	286	86
CMP AL, c1	3C	ib	1	2	3	4
CMP AX, c2	3D	iw	1	2	3	4
CMP EAX, c4	3D	iw	1	2		
CMP r1/m1, c1	80	/7 ib	1 2	2 5	3 6	4+ 10+
CMP r2/m2, c2	81	/7 iw	1 2	2 5	3 6	4+ 10+
CMP r4/m4, c3	81	/7 id	1 2	2 5		
CMP r2/m2, c1 CMP r4/m4, c1	83	/7 ib	1 2	2 5	3 6	4+ 10+
CMP r1/m1, r1	38	/r	1 2	2 5	2 7	3+ 9+
CMP r2/m2, r2 CMP r4/m4, r4	39	/r	1 2	2 5	2 7	3+ 9+
CMP r1, r1/m1	3A	/r	1 2	2 6	2 6	3+ 9+
CMP r2, r2/m2 CMP r4, r4/m4	3B	/r	1 2	2 6	2 6	3+ 9+

CMP									
⚑	O	D	I	T	S	Z	A	P	C
	+				+	+	+	+	+

⚠ Der Befehl subtrahiert den zweiten Operanden vom ersten Operanden. Hierdurch werden die entsprechenden Flags gesetzt. Das Ergebnis der Subtraktion wird nicht abgespeichert.

ⓘ Zwei Operanden vergleichen

CMPS - CMPSB - CMPSW - CMPSD

Befehl	Opcode	486	386	286	86
CMPS m1, m1	A6	8	10	8	22
CMPS m2, m2 CMPS m4, m4	A7	8	10	8	22
CMPSB	A6	8	10	8	22
CMPSW	A7	8	10	8	22
CMPSD	A7	8	10		

⚑	O	D	I	T	S	Z	A	P	C
	+				+	+	+	+	+

⚠ Durch den Befehl REP (→ REP) können mehrere Daten verglichen werden.
Der Befehl subtrahiert den zweiten Operanden, der über ES:(E)DI adressiert wird, vom ersten Operanden (über DS:(E)SI). Hierdurch werden die entsprechenden Flags gesetzt. Das Ergebnis der Subtraktion wird nicht abgespeichert.
Ist das Direction-Flag gesetzt werden abschließend die Indexregister (E)SI und (E)DI jeweils um die Datenbreite in Bytes vermindert (Byte → 1, Word → 2, Double-Word → 4). Ist das Direction-Flag gelöscht, erfolgt eine entsprechende Erhöhung der Registerinhalte.

ⓘ Zwei Stringoperanden vergleichen

CMPXCHG

Befehl	Opcode	486	386
CMPXCHG r1/m1, r1	0F A6 /r	AL=1.Op.: 6 7 sonst: 6 10	
CMPXCHG r2/m2, r2 CMPXCHG r4/m4, r4	0F A7 /r	(E)AX= 1.Operand: 6 7 sonst: 6	

⚑	O	D	I	T	S	Z	A	P	C
	+				+	+	+	+	+

⚠ Der Akkumulator wird mit dem r/m-Operanden verglichen. Sind beide gleich, wird der 2. Operand in den Akkumulator kopiert, ansonsten erhält der Akkumulator den Wert der r/m-Operanden (1. Operand).

ⓘ Vergleich mit Akkumulator (AL, AX oder EAX) und austauschen

CWD						
Befehl	Opcode		486	386	286	86
CWD	99		3	2	2	5
⚑	O	D	I	T	S	Z	A	P	C

⚠ Das Vorzeichen (höchstwertiges Bit) von AX wird in alle Bitstellen des DX-Registers übertragen.

ⓘ Wandelt ein Word in AX in ein Double-Word in DX:AX um

CWDE			
Befehl	Opcode	486	386
CWDE	98	3	2
⚑	O	D	I	T	S	Z	A	P	C

⚠ Das Vorzeichen (höchstwertiges Bit) von AX wird in alle Bitstellen des EAX-Registers übertragen.

ⓘ Wandelt ein Word (2 Byte) in AX in ein Double-Word (4 Byte) in EAX um

DAA						
Befehl	Opcode	486	386	286	86
DAA	27	2	4	3	4

⚑	O	D	I	T	S	Z	A	P	C
	?				+	+	+	+	+

⚠ Korrigiert das Ergebnis einer Addition mit ADD (in Form einer zweistelligen BCD-Zahl in AL) in eine zweistellige gepackte Dezimalzahl in AL.

ⓘ Dezimal-Korrektur von AL nach Addition

DAS						
Befehl	Opcode	486	386	286	86
DAS	2F	2	4	3	4

⚑	O	D	I	T	S	Z	A	P	C
	?				+	+	+	+	+

⚠ Korrigiert das Ergebnis einer Subtraktion (in Form einer zweistelligen BCD-Zahl in AL) in eine zweistellige gepackte Dezimalzahl in AL.

ⓘ Dezimal-Korrektur von AL nach Subtraktion

DEC						
Befehl	Opcode		486	386	286	86
DEC r1/m1	FE	/1	1 3	2 6	2 7	3+ 15+
DEC r2/m2 DEC r4/m4	FF	/1	1 3	2 6	2 7	3+ 15+
DEC r2 DEC r4	48	+rw	1	2	2	3

⚑	O	D	I	T	S	Z	A	P	C
	+				+	+	+	+	

⚠ Das Carry-Flag wird nicht verändert.

DEC		
(i) Dekrementieren um 1		

DIV						
Befehl		Opcode	486	386	286	86
DIV AL, r1/m1	F6	/6	16 16	14 17	17 20	(80- 90)+ (86- 96)+
DIV AX, r2/m2	F7	/6	24 24	22 25	25 28	(144- 162)+ (150- 168)+
DIV EAX, r4/m4	F7	/6	40 40	38 41		

⚑	O	D	I	T	S	Z	A	P	C
	?				?	?	?	?	?

⚠ Dividierd den Akkumulator durch den Divisor. Der Quotient steht anschließend im angegebenen Akkumulator-Register, der Rest bei einer Byte-Division in AH, bei einer Word-Division in DX und bei einer Double-Word-Division in EDX.

(i) Division ohne Vorzeichen

ENTER						
Befehl		Opcode	486	386	286	86
ENTER c2, 0	C8	iw 00	14	10	11	
ENTER c2, 1	C8	iw 01	17	12	15	
ENTER c2, c1	C8	iw ib	17+3n	15+ 4(n- 1)	12+ 4(n- 1)	

⚑	O	D	I	T	S	Z	A	P	C

⚠ Der Stack-Frame dient zur temporären Speicherung von Daten auf dem Stapel.
Der Befehl subtrahiert den 1. Operanden vom Stapelzeiger (E)SP:(E)BP. Anschließend werden entsprechend der im 2. Operanden festgelegten Anzahl Werte vom alten Stapel kopiert. Der Stack-Frame-Zeiger (E)BP wird auf den aktuellen Wert des Stapelzeigers gesetzt.

(i) Stack-Frame für Unterprogrammparameter erzeugen

ESC						
Befehl		Opcode	486	386	286	86
ESC c1, m1	D8					8+
ESC c1, r1	D8					2

⚑	O	D	I	T	S	Z	A	P	C

⚠ Dieser Befehl wird verwendet, um spezielle Koprozessor-Befehle auszuführen.

(i) Daten aus Speicherplatz auf dem Datenbus ausgeben

HLT

Befehl	Opcode	486	386	286	86
HLT	F4	4	5	2	2

⚐	O	D	I	T	S	Z	A	P	C

⚠ Der Prozessor wartet auf einen Interrupt (maskierbar oder nicht-maskierbar) oder auf einen Reset. Bei einem Interrupt wird das Programm mit dem nächsten Befehl fortgesetzt.

ⓘ Prozessor in den HALT-Zustand bringen

IDIV

Befehl	Opcode		486	386	286	86
IDIV AL, r1/m1	F6	/7	19 20	19	17 20	(101-112)+ (107-118)+
IDIV AX, r2/m2	F7	/7	27 28	27	25 28	(165-184)+ (171-190)+
IDIV EAX, r4/m4	F7	/7	43 44	43		

⚐	O	D	I	T	S	Z	A	P	C
					?	?	?	?	?

⚠ Dividierd den Akkumulator durch den Divisor. Der Quotient steht anschließend im angegebenen Akkumulator-Register, der Rest bei einer Byte-Division in AH, bei einer Word-Division in DX und bei einer Double-Word-Division in EDX.
Wenn der Quotient zu groß für das Zielregister ist, wird ein Interrupt 0 ausgelöst.

ⓘ Division mit Vorzeichen

IMUL

Befehl	Opcode		486	386	286	86
IMUL r1/m1	F6	/5	13-18	9-14 12-17	13 16	(80-98)+ (86-104)+
IMUL r2/m2	F7	/5	13-26	9-22 12-25	21 24	(128-254)+ (134-160)+
IMUL r4/m4	F7	/5	12-42	9-38 12-41		
IMUL r2, r2/m2	OF AF	/r	13-26	9-22 12-25		
IMUL r4, r4/m4	OF AF	/r	13-42	9-38 12-41		
IMUL r2/m2, c1 IMUL r4/m4, c1	6B	/r ib	13-42	9-14 12-17	21 24	
IMUL r2, c1 IMUL r4, c1	6B	/r ib	13-42	9-14 12-17	21 24	
IMUL r2/m2, c2	69	/r iw	13-26	9-22 12-25	21 24	

IMUL						
IMUL r4/m4, c4	69	/r id	13-42	9-38 12-41		
IMUL r2, c2	69	/r iw	13-42	9-22 12-25		
IMUL r4, c4	69	/r id	13-42	9-38 12-41		

⚐	O	D	I	T	S	Z	A	P	C
	+				?	?	?	?	+

⚠ Bei impliziter Adressierung wird das Register AL, AX bzw. EAX verwendet. Das Ergebnis der Multiplikation steht dann im AX-, DX:AX- bzw EDX:EAX-Register. Paßt das Ergebnis in das Ergebnisregister hinein, ist das Overflow- und Carry-Flag gelöscht.

ⓘ Multiplikation mit Vorzeichen

IN					
Befehl	Opcode	486	386	286	86
IN AL, c1	E4 ib	14	12	5	10
IN AX, c1 IN EAX, c1	E5 ib	14	12	5	10
IN AL, DX	EC	14	13	5	8
IN AX, DX IN EAX, DX	ED	14	13	5	8

⚐	O	D	I	T	S	Z	A	P	C

⚠ Im Protected Mode des 80386 bzw des 80486 benötigt der Befehl bis zu 28 Taktzyklen.

ⓘ Datum aus Port einlesen

INC					
Befehl	Opcode	486	386	286	86
INC r1/m1	FE /0	1 3	2 6	2 7	3+ 15+
INC r2/m2	FF /0	1 3	2 6	2 7	3+ 15+
INC r4/m4	FF /6	1 3	2 6		
INC r2 INC r4	40 +rw	1	2	2	3

⚐	O	D	I	T	S	Z	A	P	C
	+				+	+	+	+	

⚠ Das Carry-Flag wird nicht verändert.

ⓘ Inkrementieren um 1

INS - INSB - INSW - INSD					
Befehl	Opcode	486	386	286	86
INS r1/m1, DX	6C	17	15	5	
INS r2/m2, DX	6D	17	15	5	
INS r4/m4, DX	6D	17	15		
INSB	6C	17	15	5	
INSW	6D	17	15	5	
INSD	6D	17	15		

INS - INSB - INSW - INSD

⚑	O	D	I	T	S	Z	A	P	C

⚠	Durch den Befehl REP (→ REP) können mehrere Daten eingelesen werden. Im Protected Mode des 80386 bzw des 80486 benötigt der Befehl bis zu 32 Taktzyklen.
ⓘ	Datum aus Port in einen String einlesen

INT - INT 3 - INTO

Befehl	Opcode		486	386	286	86
INT c1	CD	ib	30	37	23	51
INT 3	CC		26	33	23	52
INT 3	CC		p44	p59	p40	
INTO	CE		O=1: 28	O=1: 35	O=1: 24	O=1: 53
			O=0: 3	O=0: 3	O=0: 3	O=0: 4

⚑	O	D	I	T	S	Z	A	P	C

⚠	Die Erzeugung eines Interrupt für zu einer Verzweigung in die Prozedur, die in der Interrupt-Tabelle an Adresse 0000h:0000h als Double-Word-Zeiger referenziert wird. Der Befehl INT 3 löst den Interrupt 3, der Befehl INTO den Interrupt 4 aus. In Bezug auf die Taktzyklen ist diese Tabelle nicht vollständig, da es sehr große Unterschiede beim Aufruf von Interrupt-Behandlungsroutinen im Protected Mode gibt.
ⓘ	Interrupt erzeugen

INVD

Befehl	Opcode	486	386
INVD	OF 08	4	

⚑	O	D	I	T	S	Z	A	P	C

ⓘ	Cache für ungültig erklären

IRET - IRETD

Befehl	Opcode	486	386	286	86
IRET	CF	15	22	17	32
IRETD	CF	15	22		

⚑	O	D	I	T	S	Z	A	P	C
	+	+	+	+	+	+	+	+	+

⚠	Lädt das CS-, das (E)IP- und das (E)FLAGS-Register vom Stapel und kehrt aus einer Interrupt-Behandlungsroutine zurück. In Bezug auf die Taktzyklen ist diese Tabelle nicht vollständig, da es sehr große Unterschiede beim Rücksprung aus Interrupt-Behandlungsroutinen im Protected Mode gibt.
ⓘ	Rücksprung aus einer Interrupt-Routine

JA						486	386	286	86
Befehl		**Opcode**							
JA rel1		77	cb			3 1	7+m 3	7 3	16 4
JA rel2/rel4		0F 87	cw/cd			3 1	7+m 3		
⚑	O	D	I	T	S	Z =0	A	P	C =0
ⓘ Verzweige, wenn größer									

JAE						486	386	286	86
Befehl		**Opcode**							
JAE rel1		73	cb			3 1	7+m 3	7 3	16 4
JAE rel2/rel4		0F 83	cw/cd			3 1	7+m 3		
⚑	O	D	I	T	S	Z	A	P	C =0
ⓘ Verzweige, wenn größer oder gleich									

JB						486	386	286	86
Befehl		**Opcode**							
JB rel1		72	cb			3 1	7+m 3	7 3	16 4
JB rel2/rel4		0F 82	cw/cd			3 1	7+m 3		
⚑	O	D	I	T	S	Z	A	P	C =1
ⓘ Verzweige, wenn kleiner									

JBE						486	386	286	86
Befehl		**Opcode**							
JBE rel1		76	cb			3 1	7+m 3	7 3	16 4
JBE rel2/rel4		0F 86	cw/cd			3 1	7+m 3		
⚑	O	D	I	T	S	Z =1	A	P	C =1
ⓘ Verzweige, wenn kleiner oder gleich									

JC						486	386	286	86
Befehl		**Opcode**							
JC rel1		72	cb			3 1	7+m 3	7 3	16 4
JC rel2/rel4		0F 82	cw/cd			3 1	7+m 3		
⚑	O	D	I	T	S	Z	A	P	C =1
ⓘ Verzweige, wenn Carry-Flag gesetzt									

<table>
<tr><td colspan="8" align="center">JCXZ - JECXZ</td></tr>
<tr><td>Befehl</td><td colspan="2">Opcode</td><td>486</td><td>386</td><td>286</td><td>86</td></tr>
<tr><td>JCXZ rel1</td><td>E3</td><td>cb</td><td>3
1</td><td>9+m
5</td><td>8
4</td><td>18
6</td></tr>
<tr><td>JECXZ rel1</td><td>E3</td><td>cb</td><td>3
1</td><td>9+m
5</td><td></td><td></td></tr>
</table>

🏳	O	D	I	T	S	Z	A	P	C

ⓘ   Verzweige, wenn (E)CX-Register gleich Null

<table>
<tr><td colspan="8" align="center">JE</td></tr>
<tr><td>Befehl</td><td colspan="2">Opcode</td><td>486</td><td>386</td><td>286</td><td>86</td></tr>
<tr><td>JE rel1</td><td>74</td><td>cb</td><td>3
1</td><td>7+m
3</td><td>7
3</td><td>16
4</td></tr>
<tr><td>JE rel2/rel4</td><td>0F 84</td><td>cw/cd</td><td>3
1</td><td>7+m
3</td><td></td><td></td></tr>
</table>

🏳	O	D	I	T	S	Z	A	P	C
						=1			

ⓘ   Verzweige, wenn gleich

<table>
<tr><td colspan="8" align="center">JG</td></tr>
<tr><td>Befehl</td><td colspan="2">Opcode</td><td>486</td><td>386</td><td>286</td><td>86</td></tr>
<tr><td>JG rel1</td><td>7F</td><td>cb</td><td>3
1</td><td>7+m
3</td><td>7
3</td><td>16
4</td></tr>
<tr><td>JG rel2/rel4</td><td>0F 8F</td><td>cw/cd</td><td>3
1</td><td>7+m
3</td><td></td><td></td></tr>
</table>

🏳	O	D	I	T	S	Z	A	P	C
					=OF	=0			

ⓘ   Verzweige, wenn größer (vorzeichenbehaftet)

<table>
<tr><td colspan="8" align="center">JGE</td></tr>
<tr><td>Befehl</td><td colspan="2">Opcode</td><td>486</td><td>386</td><td>286</td><td>86</td></tr>
<tr><td>JGE rel1</td><td>7D</td><td>cb</td><td>3
1</td><td>7+m
3</td><td>7
3</td><td>16
4</td></tr>
<tr><td>JGE rel2/rel4</td><td>0F 8D</td><td>cw/cd</td><td>3
1</td><td>7+m
3</td><td></td><td></td></tr>
</table>

🏳	O	D	I	T	S	Z	A	P	C
					=OF				

ⓘ   Verzweige, wenn größer oder gleich (vorzeichenbehaftet)

<table>
<tr><td colspan="8" align="center">JL</td></tr>
<tr><td>Befehl</td><td colspan="2">Opcode</td><td>486</td><td>386</td><td>286</td><td>86</td></tr>
<tr><td>JL rel1</td><td>7C</td><td>cb</td><td>3
1</td><td>7+m
3</td><td>7
3</td><td>16
4</td></tr>
<tr><td>JL rel2/rel4</td><td>0F 8C</td><td>cw/cd</td><td>3
1</td><td>7+m
3</td><td></td><td></td></tr>
</table>

🏳	O	D	I	T	S	Z	A	P	C
					≠OF				

ⓘ   Verzweige, wenn kleiner (vorzeichenbehaftet)

JLE						
Befehl		**Opcode**	**486**	**386**	**286**	**86**
JLE rel1		7E cb	3 1	7+m 3	7 3	16 4
JLE rel2/rel4		OF 8E cw/cd	3 1	7+m 3		

⚑	**O**	**D**	**I**	**T**	**S**	**Z**	**A**	**P**	**C**
					≠OF	=1			

ⓘ Verzweige, wenn kleiner oder gleich (vorzeichenbehaftet)

JMP						
Befehl		**Opcode**	**486**	**386**	**286**	**86**
JMP rel1		EB cb	3	7+m	7	15
JMP rel2		E9 cw	3	7+m	7	15
JMP rel4		E9 cd	3	7+m		
JMP r2/m2		FF /4	5	7	7+m	11+
JMP ptr2:2		EA cd	17	12+m	11	15
jmp prt2:4		EA cp	13	12+m		
JMP m2:2		FF /5	13	43+m	15	

⚑	**O**	**D**	**I**	**T**	**S**	**Z**	**A**	**P**	**C**

⚠ In Bezug auf die Taktzyklen ist diese Tabelle nicht vollständig, da es sehr große Unterschiede bei Programmverzweigungen im Protected Mode gibt.

ⓘ Unbedingte Verzweigung

JNA						
Befehl		**Opcode**	**486**	**386**	**286**	**86**
JNA rel1		76 cb	3 1	7+m 3	7 3	16 4
JNA rel2/rel4		OF 86 cw/cd	3 1	7+m 3		

⚑	**O**	**D**	**I**	**T**	**S**	**Z**	**A**	**P**	**C**
						=1			=1

ⓘ Verzweige, wenn nicht größer

JNAE						
Befehl		**Opcode**	**486**	**386**	**286**	**86**
JNAE rel1		72 cb	3 1	7+m 3	7 3	16 4
JNAE rel2/rel4		OF 82 cw/cd	3 1	7+m 3		

⚑	**O**	**D**	**I**	**T**	**S**	**Z**	**A**	**P**	**C**
									=1

ⓘ Verzweige, wenn nicht größer und nicht gleich

JNB					
Befehl	**Opcode**	**486**	**386**	**286**	**86**
JNB rel1	73 cb	3 1	7+m 3	7 3	16 4
JNB rel2/rel4	OF 83 cw/cd	3 1	7+m 3		

⚑	O	D	I	T	S	Z	A	P	C
									=0

ⓘ Verzweige, wenn nicht kleiner

JNBE					
Befehl	**Opcode**	**486**	**386**	**286**	**86**
JNBE rel1	77 cb	3 1	7+m 3	7 3	16 4
JNBE rel2/rel4	OF 87 cw/cd	3 1	7+m 3		

⚑	O	D	I	T	S	Z	A	P	C
						=0			=0

ⓘ Verzweige, wenn nicht kleiner und nicht gleich

JNC					
Befehl	**Opcode**	**486**	**386**	**286**	**86**
JNC rel1	73 cb	3 1	7+m 3	7 3	16 4
JNC rel2/rel4	OF 83 cw/cd	3 1	7+m 3		

⚑	O	D	I	T	S	Z	A	P	C
									=0

ⓘ Verzweige, wenn Carry-Flag nicht gesetzt

JNE					
Befehl	**Opcode**	**486**	**386**	**286**	**86**
JNE rel1	75 cb	3 1	7+m 3	7 3	16 4
JNE rel2/rel4	OF 85 cw/cd	3 1	7+m 3		

⚑	O	D	I	T	S	Z	A	P	C
						=0			

ⓘ Verzweige, wenn nicht gleich

JNG					
Befehl	**Opcode**	**486**	**386**	**286**	**86**
JNG rel1	7E cb	3 1	7+m ·3	7 3	16 4
JNG rel2/rel4	OF 8E cw/cd	3 1	7+m 3		

⚑	O	D	I	T	S	Z	A	P	C
					≠OF	=1			

ⓘ Verzweige, wenn nicht größer (vorzeichenbehaftet)

JNGE						
Befehl	**Opcode**	**486**	**386**	**286**	**86**
JNGE rel1	7C cb	3 1	7+m 3	7 3	16 4
JNGE rel2/rel4	OF 8C cw/cd	3 1	7+m 3		

⚐	O	D	I	T	S	Z	A	P	C
					≠OF				

ⓘ	Verzweige, wenn nicht größer und nicht gleich (vorzeichenbehaftet)

JNL						
Befehl	**Opcode**	**486**	**386**	**286**	**86**
JNL rel1	7D cb	3 1	7+m 3	7 3	16 4
JNL rel2/rel4	OF 8D cw/cd	3 1	7+m 3		

⚐	O	D	I	T	S	Z	A	P	C
					=OF				

ⓘ	Verzweige, wenn nicht kleiner (vorzeichenbehaftet)

JNLE						
Befehl	**Opcode**	**486**	**386**	**286**	**86**
JNLE rel1	7F cb	3 1	7+m 3	7 3	16 4
JNLE rel2/rel4	OF 8F cw/cd	3 1	7+m 3		

⚐	O	D	I	T	S	Z	A	P	C
					=OF	=0			

ⓘ	Verzweige, wenn nicht kleiner und nicht gleich (vorzeichenbehaftet)

JNO						
Befehl	**Opcode**	**486**	**386**	**286**	**86**
JNO rel1	71 cb	3 1	7+m 3	7 3	16 4
JNO rel2/rel4	OF 81 cw/cd	3 1	7+m 3		

⚐	O	D	I	T	S	Z	A	P	C
	=0								

ⓘ	Verzweige, wenn kein Überlauf

JNP						
Befehl	**Opcode**	**486**	**386**	**286**	**86**
JNP rel1	7B cb	3 1	7+m 3	7 3	16 4
JNP rel2/rel4	OF 8B cw/cd	3 1	7+m 3		

⚐	O	D	I	T	S	Z	A	P	C
								=0	

ⓘ	Verzweige, wenn keine Parität

JNS					
Befehl	Opcode	486	386	286	86
JNS rel1	79 cb	3 1	7+m 3	7 3	16 4
JNS rel2/rel4	0F 89 cw/cd	3 1	7+m 3		

⚑	O	D	I	T	S	Z	A	P	C
					=0				

ⓘ	Verzweige, wenn kein Vorzeichen (größer als Null)

JNZ					
Befehl	Opcode	486	386	286	86
JNZ rel1	74 cb	3 1	7+m 3	7 3	16 4
JNZ rel2/rel4	0F 84 cw/cd	3 1	7+m 3		

⚑	O	D	I	T	S	Z	A	P	C
						=1			

ⓘ	Verzweige, wenn ungleich Null

JO					
Befehl	Opcode	486	386	286	86
JO rel1	70 cb	3 1	7+m 3	7 3	16 4
JO rel2/rel4	0F 80 cw/cd	3 1	7+m 3		

⚑	O	D	I	T	S	Z	A	P	C
	=1								

ⓘ	Verzweige, wenn Überlauf

JP					
Befehl	Opcode	486	386	286	86
JP rel1	7A cb	3 1	7+m 3	7 3	16 4
JP rel2/rel4	0F 8A cw/cd	3 1	7+m 3		

⚑	O	D	I	T	S	Z	A	P	C
								=1	

ⓘ	Verzweige, wenn Parität

JPE					
Befehl	Opcode	486	386	286	86
JPE rel1	7A cb	3 1	7+m 3	7 3	16 4
JPE rel2/rel4	0F 8A cw/cd	3 1	7+m 3		

⚑	O	D	I	T	S	Z	A	P	C
								=1	

ⓘ	Verzweige, wenn Parität gerade

JPO						
Befehl	**Opcode**		**486**	**386**	**286**	**86**
JPO rel1	7B	cb	3 1	7+m 3	7 3	16 4
JPO rel2/rel4	OF 8B	cw/cd	3 1	7+m 3		

P	O	D	I	T	S	Z	A	P	C
								=0	

(i) Verzweige, wenn Parität ungerade

JS						
Befehl	**Opcode**		**486**	**386**	**286**	**86**
JS rel1	78	cb	3 1	7+m 3	7 3	16 4
JS rel2/rel4	OF 88	cw/cd	3 1	7+m 3		

P	O	D	I	T	S	Z	A	P	C
					=1				

(i) Verzweige, wenn Vorzeichen (kleiner als Null)

JZ						
Befehl	**Opcode**		**486**	**386**	**286**	**86**
JZ rel1	74	cb	3 1	7+m 3	7 3	16 4
JZ rel2/rel4	OF 84	cw/cd	3 1	7+m 3		

P	O	D	I	T	S	Z	A	P	C
						=1			

(i) Verzweige, wenn gleich Null

LAHF						
Befehl	**Opcode**	**486**	**386**	**286**	**86**
LAHF	9F	3	2	2	4

P	O	D	I	T	S	Z	A	P	C

⚠ Format in AH: SF:ZF:xx:AF:xx:PF:xx:CF

(i) Flags in das AH-Register laden

LAR						
Befehl	**Opcode**	**486**	**386**	**286**	**86**
LAR	OF 02 /r	11 11	p15 p16	p14 p16	

P	O	D	I	T	S	Z	A	P	C
						+			

⚠ Bei den Prozessoren 80286 und 80386 nur im Protected Mode einsetzbar.

(i) Zugriffsrechte laden

LEA						
Befehl	**Opcode**		486	386	286	86
LEA r2/r4, m	8D	/r	1	2	3	2+

⚑	O	D	I	T	S	Z	A	P	C

⚠ Berechnet den Offset-Anteil der effektiven Adresse und speichert das Ergebnis im angegebenen Register nach der folgenden Methode:

Reg.-Größe	Adr.-Größe	Wirkung
16	16	Berechnung der effektiven Adresse und Speicherung im Register
16	32	Berechnung der effektiven 32-Bit-Adresse und Speicherung der unteren 16 Bits im Register
32	16	Berechnung der effektiven 16-Bit-Adresse und Speicherung im Register, wobei die führenden 16 Bits auf den Wert Null gesetzt werden.
32	32	Berechnung der effektiven Adresse und Speicherung im Register

ⓘ Effektiven Adressenoffset laden

LEAVE						
Befehl	**Opcode**	486	386	286	86
LEAVE	C9	5	4	5	

⚑	O	D	I	T	S	Z	A	P	C

⚠ Beseitigt den Stack-Frame für Unterprogrammparameter, der durch den Befehl ENTER erzeugt wurde.

ⓘ Verlassen einer Prozedur vorbereiten

LGDT - LIDT						
Befehl	**Opcode**		486	386	286	86
LGDT m2&4	0F 01	/1	11	p11	p11	
LIDT m2&4	0F 01	/3	11	p11	p12	

⚑	O	D	I	T	S	Z	A	P	C

⚠ Der Befehl ist für Betriebssystemprogramme vorgesehen. Bei den Prozessoren 80286 und 80386 nur im Protected Mode einsetzbar.

ⓘ Globales-/Interrupt-Descriptor-Tabellen-Register   laden

LDS					
Befehl	Opcode	486	386	286	86
LDS r2, m2:2 LDS r4, m2:4	C5 /r	6 12	7 p22	7 p21	16+

⚐	O	D	I	T	S	Z	A	P	C

⚠ Lädt die Segmentadresse in das DS-Register und den Adressenoffset in das angegebene Register.

ⓘ Zeiger auf Speicherplatz laden

LES					
Befehl	Opcode	486	386	286	86
LES r2, m2:2 LES r4, m2:4	C4 /r	6 12	7 p22	7 p21	16+

⚐	O	D	I	T	S	Z	A	P	C

⚠ Lädt die Segmentadresse in das ES-Register und den Adressenoffset in das angegebene Register.

ⓘ Zeiger auf Speicherplatz laden

LFS			
Befehl	Opcode	486	386
LFS r2, m2:2 LFS r4, m2:4	0F B4 /r	6 12	7 p25

⚐	O	D	I	T	S	Z	A	P	C

⚠ Lädt die Segmentadresse in das FS-Register und den Adressenoffset in das angegebene Register.

ⓘ Zeiger auf Speicherplatz laden

LGS			
Befehl	Opcode	486	386
LGS r2, m2:2 LGS r4, m2:4	0F B5 /r	6 12	7 p25

⚐	O	D	I	T	S	Z	A	P	C

⚠ Lädt die Segmentadresse in das GS-Register und den Adressenoffset in das angegebene Register.

ⓘ Zeiger auf Speicherplatz laden

LSS			
Befehl	Opcode	486	386
LSS r2, m2:2 LSS r4, m2:4	0F B2 /r	6 12	7 p22

⚐	O	D	I	T	S	Z	A	P	C

⚠ Lädt die Segmentadresse in das SS-Register und den Adressenoffset in das angegebene Register.

ⓘ Zeiger auf Speicherplatz laden

LLDT						
Befehl	Opcode		486	386	286	86
LLDT r2/m2	0F 00 /2		p11 p11	p20	p17 p18	
⚐	O	D	I T	S	Z A	P C

⚠ Dieser Befehl ist für Betriebssystemprogramme vorgesehen.
Nur im Protected Mode der Prozessoren ab 80286 einsetzbar.

ⓘ Lokales-Deskriptor-Tabellenregister laden

LMSW						
Befehl	Opcode		486	386	286	86
LMSW r2/2	0F 01 /6		p13 p13	p10 p13	p3 p6	
⚐	O	D	I T	S	Z A	P C

⚠ Dieser Befehl ist für Betriebssystemprogramme vorgesehen.
Nur im Protected Mode der Prozessoren ab 80286 einsetzbar.

ⓘ Maschinen-Status-Wort laden

LOCK						
Befehl	Opcode		486	386	286	86
LOCK	F0		1	0	0	2
⚐	O	D	I T	S	Z A	P C

⚠ Durch die Ausgabe des LOCK#-Signals (Prozessor-Hardware) wird sichergestellt, daß auf Speicherbereiche, die auch von anderen Prozessoren genutzt werden, «ungestört» zugegriffen werden kann.
Unterstützt werden die Befehle:
    ADD, ADC, AND, DEC, INC, NEG, NOT, OR,
    SBB, SUB, XCHG, XOR

ⓘ LOCK#-Signal ausgeben

LODS - LODSB - LODSW - LODSD					
Befehl	Opcode	486	386	286	86
LODS m1	AC	5	5	5	12
LODS m2 LODS m4	AD	5	5	5	12
LODSB	AC	5	5	5	12
LODSW LODSD	AD	5	5	5	12
⚐ O D	I T	S	Z	A	P C

LODS - LODSB - LODSW - LODSD

⚠ Lädt über das DS:(E)SI-Register ein Datum in das AL-, AX- oder EAX-Register. Ist das DIRECTION-Flag gelöscht, wird anschließend das (E)SI-Register entsprechend der Datenbreite um 1, 2 oder 4 inkrementiert; ansonsten wird es dekrementiert.
Mit dem Befehl → REP können mehrere Daten eingelesen werden.

ⓘ String-Operanden laden

LOOP

Befehl	Opcode		486	386	286	86
LOOP rel1	E2	cb	2 6	11+m	8 noj=4	17 noj=5

⚑	O	D	I	T	S	Z	A	P	C

⚠ Dekrementiert das (E)CX-Register um 1 und verzweigt zur angegebenen Relativadresse, wenn es ungleich Null ist. Ansonsten wird mit dem nächsten Befehl fortgefahren.

ⓘ Schleifensteuerung über CX-Zähler

LOOPE - LOOPZ

Befehl	Opcode		486	386	286	86
LOOPE rel1 LOOPZ rel1	E1	cb	9 6	11+m	8 noj=4	18 noj=6

⚑	O	D	I	T	S	Z	A	P	C
						=1			

⚠ Dekrementiert das (E)CX-Register um 1 und verzweigt zur angegebenen Relativadresse, wenn es ungleich Null und das ZERO-Flag gesetzt ist. Ansonsten wird mit dem nächsten Befehl fortgefahren.

ⓘ Schleifensteuerung über CX-Zähler

LOOPNE - LOOPNZ

Befehl	Opcode		486	386	286	86
LOOPNE rel1 LOOPNZ rel1	E0	cb	9 6	11+m	8 noj=4	18 noj=6

⚑	O	D	I	T	S	Z	A	P	C
						=0			

⚠ Dekrementiert das (E)CX-Register um 1 und verzweigt zur angegebenen Relativadresse, wenn es ungleich Null und das ZERO-Flag gelöscht ist. Ansonsten wird mit dem nächsten Befehl fortgefahren.

ⓘ Schleifensteuerung über CX-Zähler

LSL

Befehl	Opcode	486	386	286	86
LSL r2, r2/m2 LSL r4, r4/m4	OF 03 /r	p10 p10	p20 p21	p14 p16	

⚑	O	D	I	T	S	Z	A	P	C

LSL
⚠ Es können nur Code- und Daten-Segmente verwendet werden. Nur im Protected Mode der Prozessoren ab 80286 einsetzbar.
ⓘ Segmentgrenze laden

LTR					
Befehl	**Opcode**	**486**	**386**	**286**	**86**
LTR r2/m2	0F 00 /3	p20 p20	p23 p27	p17 p19	

🏳	O	D	I	T	S	Z	A	P	C

⚠ Dieser Befehl ist für Betriebssystemprogramme vorgesehen. Nur im Protected Mode der Prozessoren ab 80286 einsetzbar.
ⓘ Task-Register laden

MOV					
Befehl	**Opcode**	**486**	**386**	**286**	**86**
MOV r1/m1, r1	88 /r	1	2 2	2 3	2+ 9+
MOV r2/m2, r2 MOV r4/m4, r4	89 /r	1	2 2	2 3	2+ 9+
MOV r1, r1/m1	8A /r	1	2 4	2 5	2+ 8+
MOV r2, r2/m2 MOV r4, r4/m4	8B /r	1	2 4	2 5	2+ 8+
MOV r2/m2, SegR	8C /r	3 3	2 2	2 3	2+ 9+
MOV SegR, r2/m2	8D /r	3 9	2 5	2 5	2+ 8+
MOV AL, moffs1	A0	1	4	5	10
MOV AX, moffs2 MOV EAX, moffs4	A1	1	4	5	10
MOV moffs1, AL	A2	1	4	3	10
MOV moffs2, AX MOV moffs4, EAX	A3	1	2	3	10
MOV r1, c1	B0 +rb	1	2	2	4
MOV r2, c2	B8 +rw	1	2	2	4
MOV r4, c4	B8 +rd	1	2		
MOV r1/m1, c1	C6	1	2 2	2 3	4+ 10+
MOV r2/m2, c2 MOV r4/m4, c4	C7	1	2 2	2 3	4+ 10+

🏳	O	D	I	T	S	Z	A	P	C

⚠ Kopiert Daten aus dem Speicher in ein Register und umgekehrt oder kopiert Daten von einem Register in ein anderes. Ein Kopieren von Daten in das SS-Register sperrt alle Interrupts für den nächsten Befehl.
ⓘ Daten kopieren

MOV			
Befehl	Opcode	486	386
MOV CR0, r4	0F 22 /r	16	
MOV r4, CR0/CR2/CR3	0F 20 /r	4	6
MOV CR0/CR2/CR3, r4	0F 22 /r	4	10/4/5
MOV r4, DR0-3	0F 21 /r	10	22
MOV DR0-3, r4	0F 23 /r	11	22
MOV r4, DR6/DR7	0F 21 /r	10	14
MOV DR6/DR7, r4	0F 23 /r	11	16
MOV r4, TR4-7	0F 26 /r	4	12
MOV TR4-7, r4	0F 24 /r	4	12
MOV TR3, r4	0F 26 /r	3	12
MOV r4, TR3	0F 24 /r	6	12

⚐	O	D	I	T	S	Z	A	P	C

⚠ In bzw. aus folgenden Registern können Daten kopiert werden:
CR0, CR2, CR3, DR0, DR1, DR2, DR3, DR6, DR7, TR3, TR4, TR5, TR6, TR7

ⓘ Daten in Spezialregister kopieren

MOVS - MOVSB - MOVSW - MOVSD					
Befehl	Opcode	486	386	286	86
MOVS m1	A4	7	7	5	18
MOVS m2 / MOVS m4	A5	7	7	5	18
MOVSB	A4	7	7	5	18
MOVSW / MOVSD	A5	7	7	5	18

⚐	O	D	I	T	S	Z	A	P	C

⚠ Kopiert ein Datum, das über das DS:(E)SI-Register adressiert wird, in den über das ES:(E)DI-Register adressierten Speicherplatz. Ist das DIRECTION-Flag gelöscht, werden anschließend die Index-Register entsprechend der Datenbreite um 1, 2 oder 4 inkrementiert; ansonsten werden sie dekrementiert.

ⓘ String kopieren

MOVSX			
Befehl	Opcode	486	386
MOVSX r2, r1/m1		3	3
MOVSX r4, r1/m1	0F BE /r		
MOVSX r4, r2/m2		3	6

⚐	O	D	I	T	S	Z	A	P	C

MOVSX

⚠ Das Datum, das mit dem zweiten Operanden angegeben wird, wird in ein Register kopiert, wobei das höchstwertigen Bit des Quelldatums in die führenden Bitstellen des Zielregisters bis zur Quelldatumsgröße (1 oder 2 Byte) kopiert wird.

ⓘ Kopieren mit Vorzeichenerweiterung

MOVZX

Befehl	Opcode	486	386

MOVZX r2, r1/m1
MOVZX r4, r1/m1
MOVZX r4, r2/m2
	0F B6 /r	3
		3
			3
			6

⚐	O	D	I	T	S	Z	A	P	C

⚠ Das Datum, das mit dem zweiten Operanden angegeben wird, wird in ein Register kopiert, wobei das Register mit führenden Null-Bits bis zur Quelldatumsgröße (1 oder 2 Byte) aufgefüllt wird.

ⓘ Kopieren ohne Vorzeichenerweiterung

MUL

Befehl	Opcode		486	386	286	86
MUL AL, r1/m1	F6	/4	13-18 13-18	9-14 12-17	13 16	(70-77)+ (76-83)+
MUL AX, r2/m2	F7	/4	13-26 13-26	9-22 12-25	21 24	(118-113)+ (124-139)+
MUL EAX, r4/m4	F7	/4	13-42 13-42	9-38 12-41		

⚐	O	D	I	T	S	Z	A	P	C
	+				?	?	?	?	+

⚠ Der Inhalt des angegebenen zweiten Operanden wird mit dem Akkumulator multipliziert, wobei der höchstwertige Anteil (Wort bzw. Doppelwort) des Ergebnisses im (E)DX-Register, der niederwertige Anteil im Akkumulator steht.
Wenn der höchstwertige Anteil den Wert Null besitzt, wird das OVERFLOW- und das CARRY-Flag gelöscht; ansonsten sind sie gleich Eins.

ⓘ Multiplikation ohne Vorzeichen

NEG

Befehl	Opcode		486	386	286	86
NEG r1/m1	F6	/3	1 3	2 6	2 7	3+ 16+
NEG r2/m2 NEG r4/m4	F7	/3	1 3	2 6	2 7	3+ 16+

⚐	O	D	I	T	S	Z	A	P	C
	+				+	+	+	+	+

<table>
<tr><td colspan="10" align="center">NEG</td></tr>
<tr><td>⚠</td><td colspan="9">Die Bildung des Zweier-Komplements erfolgt in zwei Schritten:
1. Negierung der einzelnen Bits $(1 \to 0, 0 \to 1)$
2. Addition von 1 auf die Bitstelle 0
Das Zweier-Komplement einer Dualzahl entspricht der Negierung einer Dezimalzahl.</td></tr>
<tr><td>ⓘ</td><td colspan="9">Negation - Zweier-Komplement-Bildung</td></tr>
</table>

NOP

Befehl	Opcode		486	386	286	86
NOP	90		1	3	3	3

⚑	O	D	I	T	S	Z	A	P	C

<table>
<tr><td>⚠</td><td>Außer dem (E)IP-Register werden keine Register oder Daten verändert.</td></tr>
<tr><td>ⓘ</td><td>Null-Operation</td></tr>
</table>

NOT

Befehl	Opcode		486	386	286	86
NOT r1/m1	F6	/2	1 3	2 6	2 7	3+ 16+
NOT r2/m2 NOT r4/m4	F7	/2	1 3	2 6	2 7	3+ 16+

⚑	O	D	I	T	S	Z	A	P	C

<table>
<tr><td>⚠</td><td>Die Bildung des Einer-Komplements erfolgt durch die e-rung der einzelnen Bits $(1 \to 0, 0 \to 1)$.</td></tr>
<tr><td>ⓘ</td><td>Negation - Einer-Komplement-Bildung</td></tr>
</table>

OR

Befehl	Opcode		486	386	286	86
OR AL, c1	0C	ib	1	2	3	4
OR AX, c2	0D	iw	1	2	3	4
OR EAX, c4	0D	id	1	2		
OR r1/m1, c1	80	/1 ib	1 3	2 7	3 7	4+ 17+
OR r2/m2, c2	81	/1 iw	1 3	2 7	3 7	4+ 17+
OR r4/m4, c4	81	/1 id	1 3	2 7		
OR r2/m2, c1	83	/1 ib	1 3	2 7		
OR r4/m4, c1	83	/1 ib	1 3	2 7		
OR r1/m1, r1	08	/r	1 3	2 6	2 7	3+ 16+
OR r2/m2, r2 OR r4/m4, r4	09	/r	1 3	2 6	2 7	3+ 16+
OR r1, r1/m1	0A	/r	1 2	2 7	2 7	3+ 9+
OR r2, r2/m2 OR r4, r4/m4	0B	/r	1 2	2 7	2 7	3+ 9+

OR								
⚑	O	D	I	T	S	Z	A	P	C
	0				+	+	?	+	0

⚠ Alle Bits der beiden Operanden werden einzeln mit der Booleschen ODER-Funktion verknüpft. Dabei wird das Ergebnisbit gesetzt, wenn mindestens eins der jeweiligen Operandenbits den Wert Eins besitzt; ansonsten ist es gelöscht.

ⓘ Logische ODER-Verknüpfung

OUT					
Befehl	Opcode	486	386	286	86
OUT c1, AL	E6 ib	16	10	3	10
OUT c1, AX OUT c1, EAX	E7 ib	16	10	3	10
OUT DX, AL	EE	16	11	3	8
OUT DX, AX OUT DX, EAX	EF	16	11	3	8
⚑ O	D	I	T	S	Z	A	P	C

⚠ Im Protected Mode der Prozessoren 80386 und 80486 benötigt der Befehl bis zu 29 Systemtakte.

ⓘ Datum auf Port ausgeben

OUTS - OUTSB - OUTSW - OUTSD					
Befehl	Opcode	486	386	286	86
OUTS DX, r1/m1	6E		17	14	5
OUTS DX, r2/m2 OUTS DX, r4/m4	6F		17	14	5
OUTSB	6E		17	14	5
OUTSW OUTSD	6F		17	14	5
⚑ O	D	I	T	S	Z	A	P	C

⚠ Schreibt ein Datum, das über das DS:(E)SI-Register adressiert wird, in den über das DX-Register adressierten Port. Ist das DIRECTION-Flag gelöscht, werden anschließend die Index-Register entsprechend der Datenbreite um 1, 2 oder 4 inkrementiert; ansonsten werden sie dekrementiert.
Durch den Befehl → REP können mehere Daten ausgegeben werden.
Im Protected Mode der Prozessoren 80386 und 80486 benötigt der Befehl bis zu 32 Systemtakte.

ⓘ Datum aus einem String auf Port ausgeben

POP					
Befehl	Opcode	486	386	286	86
POP m2 POP m4	8F /0	6	5	5	17+
POP r2	58 +rw	5	4	5	8
POP r4	58 +rd	5	4		

POP						
POP DS	1F		3	7 p21	5 p20	8
POP ES	07		3	7 p21	5 p20	8
POP SS	17		3	7 p21	5 p20	8
POP FS	0F A1		3	7 p21		
POP GS	0F A9		3	7 p21		

⚐	O	D	I	T	S	Z	A	P	C

⚠ Holt ein Wort bzw. ein Doppelwort vom Stapel in das angegeben Register bzw. Speicherplatz. Anschließend wird der Stapelzeiger SS:(E)SP um die entsprechende Anzahl von Bytes erhöht.

ⓘ Wert vom Stapel holen

POPA - POPAD					
Befehl	Opcode	486	386	286	86
POPA POPAD	61	9	24	19	

⚐	O	D	I	T	S	Z	A	P	C

⚠ Der Befehl POPA holt 2-Byte in folgende Register (Reihenfolge!):
    DI, SI, BP, SP, BX, DX, CX, AX
Die gleiche Reihenfolge gilt beim Befehl POPAD, wobei 4-Byte-Daten in die Register
    EDI, ESI, EBP, ESP, EBX, EDX, ECX, EAX
geholt werden.

ⓘ Alle Allzweck-Register vom Stapel holen

POPF - POPFD					
Befehl	Opcode	486	386	286	86
POPF POPFD	9D	9 p6	5	5	8

⚐	O	D	I	T	S	Z	A	P	C

⚠ Holt ein Wort bzw. ein Doppelwort vom Stapel in das FLAGS bzw. das EFLAGS-Register.
Die Bits 16 und 17 des EFLAGS-Registers werden nicht beeinflußt.

ⓘ Flag-Register vom Stapel holen

PUSH					
Befehl	Opcode	486	386	286	86
PUSH m2 PUSH m4	FF /6	4	5	5	16+
PUSH r2 PUSH r4	50 + /r	1	2	3	11
PUSH c1	6A	1	2	3	
PUSH c2 PUSH c4	68	1	2	3	

PUSH						
PUSH CS	OE		3	2	3	10
PUSH DS	1E		3	2	3	10
PUSH ES	06		3	2	3	10
PUSH FS	OF A0		3	2	3	10
PUSH GS	OF A8		3	2		
PUSH SS	16		3	2		

⚑	O	D	I	T	S	Z	A	P	C

⚠ Verringert den Stapelzeiger SS:(E)SP um die entsprechende Anzahl von Bytes und kopiert ein Wort bzw. ein Doppelwort aus dem angegeben Register bzw. Speicherplatz auf den Stapel.

ⓘ Wert auf den Stapel kopieren

PUSHA - PUSHAD					
Befehl	Opcode	486	386	286	86
PUSHA PUSHAD	61	9	24	19	

⚑	O	D	I	T	S	Z	A	P	C

⚠ Der Befehl PUSHA schreibt 2-Byte in folgende Register (Reihenfolge!) auf den Stapel:
    AX, CX, DX, BX, SP, BP, SI, DI
Die gleiche Reihenfolge gilt beim Befehl PUSHAD, wobei 4-Byte-Daten auf den Stapel kopiert werden:
    EAX, ECX, EDX, EBX, ESP, EBP, ESI, EDI

ⓘ Alle Allzweck-Register auf den Stapel kopieren

PUSHF - PUSHFD					
Befehl	Opcode	486	386	286	86
PUSHF PUSHFD	9D	9 p6	5	5	8

⚑	O	D	I	T	S	Z	A	P	C

⚠ Schreibt ein Wort bzw. ein Doppelwort aus dem FLAGS bzw. dem EFLAGS-Register auf den Stapel.

ⓘ Flag-Register auf den Stapel kopieren

RCL						
Befehl	Opcode		486	386	286	86
RCL r1/m1, 1	D0	/2	3 4	9 10	2 7	2+ 15+
RCL r1/m1, CL	D2	/2	8-30 9-31	9 10	5 8	8+[1] 20+[1]
RCL r1/m1, c1	C0	/2 ib	8-30 9-31	9 10	5 8	2+ 15+
RCL r2/m2, 1 RCL r4/m4, 1	D1	/2	3 4	9 10	2 7	8+[1] 20+[1]
RCL r2/m2, CL RCL r4/m4, CL	D3	/2	8-30 9-31	9 10	5 8	
RCL r2/m2, c1 RCL r4/m4, c1	C1	/2 ib	8-30 9-31	9 10	5 8	

RCL

P	O	D	I	T	S	Z	A	P	C
	+								+

⚠ Das Bitmuster des ersten Operanden wird entsprechend der Anzahl im zweiten Operanden zyklisch über das CARRY-Flag verschoben:

8-Bit-Datum

| CARRY | ← | 7 | 6 | 5 | 4 | 3 | 2 | 1 | 0 |

[1] Für den 8086 müssen jeweils 4 Takte pro Bit hinzuaddiert werden.

ⓘ Bit-Rotation links über CARRY

RCR

Befehl	Opcode		486	386	286	86
RCR r1/m1, 1	D0	/3	3 4	9 10	2 7	2+ 15+
RCR r1/m1, CL	D2	/3	8-30 9-31	9 10	5 8	8+[1] 20+[1]
RCR r1/m1, c1	C0	/3 ib	8-30 9-31	9 10	5 8	2+ 15+
RCR r2/m2, 1 RCR r4/m4, 1	D1	/3	3 4	9 10	2 7	8+[1] 20+[1]
RCR r2/m2, CL RCR r4/m4, CL	D3	/3	8-30 9-31	9 10	5 8	
RCR r2/m2, c1 RCR r4/m4, c1	C1	/3 ib	8-30 9-31	9 10	5 8	

P	O	D	I	T	S	Z	A	P	C
	+								+

⚠ Das Bitmuster des ersten Operanden wird entsprechend der Anzahl im zweiten Operanden zyklisch über das CARRY-Flag verschoben:

8-Bit-Datum

| CARRY | → | 7 | 6 | 5 | 4 | 3 | 2 | 1 | 0 |

[1] Für den 8086 müssen jeweils 4 Takte pro Bit hinzuaddiert werden.

ⓘ Bit-Rotation rechts über CARRY

REP

Befehl	Opcode	486	386	286	86
REP INS r1/m1, DX	F3 6C	16+ 8· (E)CX	13+ 6· (E)CX	5+ 4·CX	
REP INS r2/m2, DX REP INS r4/m4, DX	F3 6D	16+ 8· (E)CX	13+ 6· (E)CX	5+ 4·CX	
REP MOVS m1, m1	F2 A4	12+ 3· (E)CX	5+ 4· (E)CX	5+ 4·CX	9+ 17·CX

REP					
REP MOVS m2, m2 REP MOVS m4, m4	F2 A5	12+ 3· (E)CX	5+ 4· (E)CX	5+ 4·CX	9+ 17·CX
REP OUTS DX,r1/m1	F3 6E	17+ 5· (E)CX	5+ 12· (E)CX	5+ 4·CX	
REP OUTS DX,r2/m2 REP OUTS DX,r4/m4	F3 6F	17+ 5· (E)CX	5+ 12· (E)CX	5+ 4·CX	
REP LODS m1	F2 AC	7+ 4· (E)CX			
REP LODS m2 REP LODS m4	F2 AD	7+ 4· (E)CX			
REP STOS m1	F3 AA	7+ 4· (E)CX	5+ 5· (E)CX	5+ 4·CX	9+ 10·CX
REP STOS m2 REP STOS m4	F3 AB	7+ 4· (E)CX	5+ 5· (E)CX	5+ 4·CX	9+ 10·CX
⚐	O	D	I	T	S	Z	A	P	C

⚠ Die String-Operation wird entsprechend der Vorgabe im (E)CX-Register, das nach jeder Operation um Eins dekrementiert wird, wiederholt. Ist das (E)CX-Register gleich Null, wird mit dem nächsten Befehl fortgefahren.
Die Angabe der Taktzeiten bezieht auf die Verarbeitung im Real Mode.

ⓘ Wiederholung einer String-Operation

REPE - REPNE					
Befehl	Opcode	486	386	286	86
REPE CMPS m1, m1	F3 A6	7 7· (E)CX	5+9·N	5+9·N	9+ 22·N
REPE CMPS m2, m2 REPE CMPS m4, m4	F3 A7	7+ 7· (E)CX	5+9·N	5+9·N	9+ 22·N
REPNE CMPS m1, m1	F2 A6	7+ 7· (E)CX	5+9·N	5+9·N	9+ 22·N
REPNE CMPS m2, m2 REPNE CMPS m4, m4	F2 A7	7+ 7· (E)CX	5+9·N	5+9·N	9+ 22·N
REPE SCAS m1, m1	F3 AE	7+ 5· (E)CX	5+8·N	5+8·N	9+ 15·N
REPE SCAS m2, m2 REPE SCAS m4, m4	F3 AF	7+ 5· (E)CX	5+8·N	5+8·N	9+ 15·N
REPNE SCAS m1, m1	F2 AE	7+ 5· (E)CX	5+8·N	5+8·N	9+ 15·N

REPE - REPNE									
REPNE SCAS m2, m2 REPNE SCAS m4, m4	F2 A7					7+ 5· (E)CX	5+8·N	5+8·N	9+ 15·N
⚐	O	D	I	T	S	Z +	A	P	C

⚠ Die String-Operation wird entsprechend der Vorgabe im (E)CX-Register, das nach jeder Operation um Eins dekrementiert wird, wiederholt. Ist das (E)CX-Register gleich Null, wird mit dem nächsten Befehl fortgefahren.
Ist die Vergleichsvorgabe nicht erfüllt, wird die Wiederholschleife verlassen und mit dem nächsten Befehl fortgefahren. Bei REPE wird auf ZERO-Flag = 1 und bei REPNE auf ZERO-Flag = 0 geprüft.
Die Angabe der Taktzeiten bezieht auf die maximal benötigte Zeit.

ⓘ Wiederholung einer String-Operation mit Vergleich

RET					
Befehl	Opcode		486	386	286	86
RET	C3		5	10+m	11	16
RET	CB		13 p18	18+m p32+m	15 p25	26
RET c2	C2	iw	5	10+m	11	20
RET c2	CA	iw	14 p17	18+m p32+m	15 p25	25
⚐	O	D	I	T	S	Z	A	P	C

⚠ Holt die Rücksprungadresse, die mit dem CALL-Befehl auf dem Stack abgelegt wurde, zurück und verzweigt zum aufrufenden Programm.
Durch die Angabe einer 2-Byte-Zahl (Vielfaches von 2) werden nach dem Holen der Rücksprungadresse eine entsprechenden Anzahl von Bytes auf dem Stapel freigegeben.
Die Angabe der Taktzeiten gilt für Sprünge innerhalb der gleiche Privilegstufe (u.a. in Real Mode).

ⓘ Rücksprung aus Unterprogramm

ROL					
Befehl	Opcode		486	386	286	86
ROL r1/m1, 1	D0	/0	3 4	3 7	2 7	2+ 15+
ROL r1/m1, CL	D2	/0	3 4	3 7	5 8	8+[1] 20+[1]
ROL r1/m1, c1	C0	/0 ib	2 4	3 7	5 8	2+ 15+
ROL r2/m2, 1 ROL r4/m4, 1	D1	/0	3 4	3 7	2 7	8+[1] 20+[1]
ROL r2/m2, CL ROL r4/m4, CL	D3	/0	3 4	3 7	5 8	
ROL r2/m2, c1 ROL r4/m4, c1	C1	/0 ib	2 4	3 7	5 8	

ROL

P⃝	O	D	I	T	S	Z	A	P	C
	+								+

⚠ Das Bitmuster des ersten Operanden wird entsprechend der Anzahl im zweiten Operanden zyklisch verschoben. Das höchstwertige Bit wird in das CARRY-Flag kopiert.

8-Bit-Datum

| CARRY | ← | 7 | 6 | 5 | 4 | 3 | 2 | 1 | 0 |

[1] Für den 8086 müssen jeweils 4 Takte pro Bit hinzuaddiert werden.

ⓘ Bit-Rotation links

ROR

Befehl	Opcode		486	386	286	86
ROR r1/m1, 1	D0	/1	3 4	3 7	2 7	2+ 15+
ROR r1/m1, CL	D2	/1	3 4	3 7	5 8	8+[1] 20+[1]
ROR r1/m1, c1	C0	/1 ib	2 4	3 7	5 8	2+ 15+
ROR r2/m2, 1 ROR r4/m4, 1	D1	/1	3 4	3 7	2 7	8+[1] 20+[1]
ROR r2/m2, CL ROR r4/m4, CL	D3	/1	3 4	3 7	5 8	
ROR r2/m2, c1 ROR r4/m4, c1	C1	/1 ib	2 4	3 7	5 8	

P⃝	O	D	I	T	S	Z	A	P	C
	+								+

⚠ Das Bitmuster des ersten Operanden wird entsprechend der Anzahl im zweiten Operanden zyklisch verschoben. Das Bit 0 wird in das CARRY-Flag kopiert.

8-Bit-Datum

| 7 | 6 | 5 | 4 | 3 | 2 | 1 | 0 | → | CARRY |

[1] Für den 8086 müssen jeweils 4 Takte pro Bit hinzuaddiert werden.

ⓘ Bit-Rotation rechts

SAHF

Befehl	Opcode	486	386	286	86
SAHF	9E	2	3	2	4

P⃝	O	D	I	T	S	Z	A	P	C
					+	+	+	+	+

⚠ Format: SF:ZF:xx:AF:xx:PF:cc:CF

ⓘ Flag-Register mit Inhalt von AH laden

SAL - SHL

Befehl	Opcode		486	386	286	86
SAL r1/m1, 1	D0	/4	3 4	3 7	2 7	2+ 15+
SAL r1/m1, CL	D2	/4	3 4	3 7	5 8	8+[1] 20+[1]
SAL r1/m1, c1	C0	/4 ib	2 4	3 7	5 8	2+ 15+
SAL r2/m2, 1 SAL r4/m4, 1	D1	/4	3 4	3 7	2 7	8+[1] 20+[1]
SAL r2/m2, CL SAL r4/m4, CL	D3	/4	3 4	3 7	5 8	
SAL r2/m2, c1 SAL r4/m4, c1	C1	/4 ib	2 4	3 7	5 8	

⚑	O	D	I	T	S	Z	A	P	C
	+				+	+	?	+	+

⚠ Das Bitmuster des ersten Operanden wird entsprechend
der Anzahl im zweiten Operanden zyklisch verschoben.
Das höchstwertige Bit wird in das CARRY-Flag kopiert,

8-Bit-Datum

| CARRY | ← | 7 | 6 | 5 | 4 | 3 | 2 | 1 | 0 | ← 0 |

Das Schieben nach links entspricht der Multiplikation mit
2.
[1] Für den 8086 müssen jeweils 4 Takte pro Bit hinzuad-
diert werden.

ⓘ Bit-Verschiebung links

SAR

Befehl	Opcode		486	386	286	86
SAR r1/m1, 1	D0	/7	3 4	3 7	2 7	2+ 15+
SAR r1/m1, CL	D2	/7	3 4	3 7	5 8	8+[1] 20+[1]
SAR r1/m1, c1	C0	/7 ib	2 4	3 7	5 8	2+ 15+
SAR r2/m2, 1 SAR r4/m4, 1	D1	/7	3 4	3 7	2 7	8+[1] 20+[1]
SAR r2/m2, CL SAR r4/m4, CL	D3	/7	3 4	3 7	5 8	
SAR r2/m2, c1 SAR r4/m4, c1	C1	/7 ib	2 4	3 7	5 8	

⚑	O	D	I	T	S	Z	A	P	C
	+				+	+	?	+	+

⚠ Das Bitmuster des ersten Operanden wird entsprechend
der Anzahl im zweiten Operanden zyklisch verschoben.
Das Bit 0 wird in das CARRY-Flag kopiert, das höchst-

8-Bit-Datum

| 7 | 6 | 5 | 4 | 3 | 2 | 1 | 0 | → | CARRY |

SAR
⚠ Das Schieben nach rechts unter Bebehaltung des höchst- wertigen Bits entspricht der vorzeichenbehafteten Division durch 2. [1] Für den 8086 müssen jeweils 4 Takte pro Bit hinzuad- diert werden.
ⓘ Bit-Verschiebung rechts

SBB						
Befehl		**Opcode**		**486**	**386**	**286**	**86**

Befehl	Opcode		486	386	286	86
SBB AL, c1	1C	ib	1	2	3	4
SBB AX, c2	1D	iw	1	2	3	4
SBB EAX, c4	1D	id	1	2		
SBB r1/m1, c1	80	/3 ib	1 3	2 7	3 7	4+ 17+
SBB r2/m2, c2	81	/3 iw	1 3	2 7	3 7	4+ 17+
SBB r4/m4, c4	81	/3 id	1 3	2 7		
SBB r2/m2, c1 SBB r4/m4, c1	83	/3 ib	1 3	2 7		
SBB r1/m1, r1	18	/r	1 3	2 6	3 7	3+ 16+
SBB r2/m2, r2 SBB r4/m4, r4	19	/r	1 3	2 6	3 7	3+ 16+
sbb r1, r1/m1	1A	/r	1 2	2 7	2 7	3+ 9+
SBB r2, r2/m2 SBB r4, r4/m4	1B	/r	1 2	2 7	2 7	3+ 9+

⚐	O	D	I	T	S	Z	A	P	C
	+				+	+	+	+	+

⚠ Addiert den Inhalt des CARRY-Flags zum zweiten Ope- randen und subtrahiert dieses Zwischenergebnis vom ersten Operanden. Wenn der zweite Operand aus weniger Bytes besteht als der erste, erfolgt zunächst eine Vorzeichenerweiterung auf das gleiche Format.
ⓘ Integer-Subtraktion mit CARRY

SCAS - SCASB - SCASW - SCASD					
Befehl	**Opcode**	**486**	**386**	**286**	**86**
SCAS m1	AE	6	7	7	15
SCAS m2 SCAS m4	AF	6	7	7	15
SCASB	AE	6	7	7	15
SCASW SCASD	AF	6	7	7	15

SCAS - SCASB - SCASW - SCASD

⚑	O	D	I	T	S	Z	A	P	C
	+				+	+	+	+	+

⚠ Vergleicht ein Datum, das über das DS:(E)SI-Register adressiert wird, mit dem Inhalt des AL-, AX- bzw. EAX-Register. Dabei werden beide Werte von einander subtrahiert und die Flags angepaßt. Das Ergebnis der Subtraktion wird verworfen. Ist das DIRECTION-Flag gelöscht, wird anschließend das Index-Register entsprechend der Datenbreite um 1, 2 oder 4 inkrementiert; ansonsten werden sie dekrementiert.
Unter Verwendung des Befehls → REPE/REPNE können mehrere Daten verglichen werden.

ⓘ String vergleichen

SETA

Befehl	Opcode	486	386
SETA r1/m1	OF 97	4 3	4 5

⚑	O	D	I	T	S	Z	A	P	C
						=0			=0

⚠ Setzt den Operanden auf 01h, wenn das ZERO-Flag und das CARRY-Flag gelöscht sind.

ⓘ Byte setzen, wenn größer

SETAE

Befehl	Opcode	486	386
SETAE r1/m1	OF 93	4 3	4 5

⚑	O	D	I	T	S	Z	A	P	C
									=0

⚠ Setzt den Operanden auf 01h, wenn das CARRY-Flag gelöscht ist.

ⓘ Byte setzen, wenn größer oder gleich

SETB

Befehl	Opcode	486	386
SETB r1/m1	OF 92	4 3	4 5

⚑	O	D	I	T	S	Z	A	P	C
									=1

⚠ Setzt den Operanden auf 01h, wenn das CARRY-Flag gesetzt ist.

ⓘ Byte setzen, wenn kleiner

SETBE			
Befehl	Opcode	486	386
SETBE r1/m1	OF 96	4 3	4 5

⚑	O	D	I	T	S	Z	A	P	C
						=1			=1

⚠ Setzt den Operanden auf 01h, wenn das ZERO- und das CARRY-Flag gesetzt sind.

ⓘ Byte setzen, wenn kleiner oder gleich

SETC			
Befehl	Opcode	486	386
SETC r1/m1	OF 92	4 3	4 5

⚑	O	D	I	T	S	Z	A	P	C
									=1

⚠ Setzt den Operanden auf 01h, wenn das CARRY-Flag gesetzt ist.

ⓘ Byte setzen, wenn CARRY-Flag gesetzt

SETE			
Befehl	Opcode	486	386
SETE r1/m1	OF 94	4 3	4 5

⚑	O	D	I	T	S	Z	A	P	C
						=1			

⚠ Setzt den Operanden auf 01h, wenn das ZERO-Flag gesetzt ist.

ⓘ Byte setzen, wenn gleich

SETG			
Befehl	Opcode	486	386
SETG r1/m1	OF 9F	4 3	4 5

⚑	O	D	I	T	S	Z	A	P	C
					=OF	=0			

⚠ Setzt den Operanden auf 01h, wenn das ZERO-Flag gesetzt und das SIGN-Flag gleich dem OVERFLOW-Flag ist.

ⓘ Byte setzen, wenn größer (vorzeichenbehaftet)

SETGE			
Befehl	Opcode	486	386
SETGE r1/m1	OF 9D	4 3	4 5

⚑	O	D	I	T	S	Z	A	P	C
					=OF				

⚠ Setzt den Operanden auf 01h, wenn das SIGN-Flag gleich dem OVERFLOW-Flag ist.

ⓘ Byte setzen, wenn größer oder gleich (vorzeichenbehaftet)

SETL

Befehl	Opcode	486	386
SETL r1/m1	OF 9C	4 3	4 5

⚑	O	D	I	T	S	Z	A	P	C
					≠OF				

⚠ Setzt den Operanden auf 01h, wenn das SIGN-Flag ungleich dem OVERFLOW-Flag ist.

ⓘ Byte setzen, wenn kleiner (vorzeichenbehaftet)

SETLE

Befehl	Opcode	486	386
SETLE r1/m1	OF 9E	4 3	4 5

⚑	O	D	I	T	S	Z	A	P	C
					≠OF	=1			

⚠ Setzt den Operanden auf 01h, wenn das ZERO-Flag gesetzt und das SIGN-Flag ungleich dem OVERFLOW-Flag ist.

ⓘ Byte setzen, wenn kleiner oder gleich (vorzeichenbehaftet)

SETNA

Befehl	Opcode	486	386
SETNA r1/m1	OF 96	4 3	4 5

⚑	O	D	I	T	S	Z	A	P	C
						=1			=1

⚠ Setzt den Operanden auf 01h, wenn das ZERO-Flag und das CARRY-Flag gesetzt sind.

ⓘ Byte setzen, wenn nicht größer

SETNAE

Befehl	Opcode	486	386
SETNAE r1/m1	OF 92	4 3	4 5

⚑	O	D	I	T	S	Z	A	P	C
									=1

⚠ Setzt den Operanden auf 01h, wenn das CARRY-Flag gesetzt ist.

ⓘ Byte setzen, wenn nicht größer und nicht gleich

SETNB

Befehl	Opcode	486	386
SETNB r1/m1	OF 93	4 3	4 5

⚑	O	D	I	T	S	Z	A	P	C
									=0

⚠ Setzt den Operanden auf 01h, wenn das CARRY-Flag gelöscht ist.

ⓘ Byte setzen, wenn nicht kleiner

SETNBE			
Befehl	Opcode	486	386
SETNBE r1/m1	OF 97	4 3	4 5

⚐	O	D	I	T	S	Z	A	P	C
						=0			=0

⚠ Setzt den Operanden auf 01h, wenn das ZERO- und das CARRY-Flag gelöscht sind.

ⓘ Byte setzen, wenn nicht kleiner und nicht gleich

SETNC			
Befehl	Opcode	486	386
SETNC r1/m1	OF 93	4 3	4 5

⚐	O	D	I	T	S	Z	A	P	C
									=0

⚠ Setzt den Operanden auf 01h, wenn das CARRY-Flag gelöscht ist.

ⓘ Byte setzen, wenn CARRY-Flag gelöscht

SETNE			
Befehl	Opcode	486	386
SETNE r1/m1	OF 95	4 3	4 5

⚐	O	D	I	T	S	Z	A	P	C
						=0			

⚠ Setzt den Operanden auf 01h, wenn das ZERO-Flag gelöscht ist.

ⓘ Byte setzen, wenn ungleich

SETNG			
Befehl	Opcode	486	386
SETNG r1/m1	OF 9E	4 3	4 5

⚐	O	D	I	T	S	Z	A	P	C
					≠OF	=1			

⚠ Setzt den Operanden auf 01h, wenn das ZERO-Flag gelöscht und das SIGN-Flag ungleich dem OVERFLOW-Flag ist.

ⓘ Byte setzen, wenn nicht größer (vorzeichenbehaftet)

SETNGE			
Befehl	Opcode	486	386
SETNGE r1/m1	OF 9C	4 3	4 5

⚐	O	D	I	T	S	Z	A	P	C
					≠OF				

⚠ Setzt den Operanden auf 01h, wenn das SIGN-Flag ungleich dem OVERFLOW-Flag ist.

ⓘ Byte setzen, wenn nicht größer und nicht gleich (vorzeichenbehaftet)

SETNL

Befehl	Opcode	486	386
SETNL r1/m1	0F 9D	4 3	4 5

⚑	O	D	I	T	S	Z	A	P	C
					=OF				

⚠ Setzt den Operanden auf 01h, wenn das SIGN-Flag gleich dem OVERFLOW-Flag ist.

ⓘ Byte setzen, wenn nicht kleiner (vorzeichenbehaftet)

SETNLE

Befehl	Opcode	486	386
SETNLE r1/m1	0F 9F	4 3	4 5

⚑	O	D	I	T	S	Z	A	P	C
					=OF	=0			

⚠ Setzt den Operanden auf 01h, wenn das ZERO-Flag gelöscht und das SIGN-Flag gleich dem OVERFLOW-Flag ist.

ⓘ Byte setzen, wenn nicht kleiner und nicht gleich (vorzeichenbehaftet)

SETNO

Befehl	Opcode	486	386
SETNO r1/m1	0F 91	4 3	4 5

⚑	O	D	I	T	S	Z	A	P	C
	=0								

⚠ Setzt den Operanden auf 01h, wenn das OVERFLOW-Flag gelöscht ist.

ⓘ Byte setzen, wenn kein Überlauf

SETNP

Befehl	Opcode	486	386
SETNP r1/m1	0F 9B	4 3	4 5

⚑	O	D	I	T	S	Z	A	P	C
								=0	

⚠ Setzt den Operanden auf 01h, wenn das PARITY-Flag gelöscht ist.

ⓘ Byte setzen, wenn keine Parität

SETNS

Befehl	Opcode	486	386
SETNS r1/m1	0F 99	4 3	4 5

⚑	O	D	I	T	S	Z	A	P	C
					=0				

⚠ Setzt den Operanden auf 01h, wenn das SIGN-Flag gelöscht ist.

ⓘ Byte setzen, wenn kein Vorzeichen (größer als Null)

SETNZ			
Befehl	**Opcode**	**486**	**386**
SETNZ r1/m1	0F 95	4 3	4 5

⚑	O	D	I	T	S	Z	A	P	C
						=0			

⚠	Setzt den Operanden auf 01h, wenn das ZERO-Flag gelöscht ist.
ⓘ	Byte setzen, wenn ungleich Null

SETO			
Befehl	**Opcode**	**486**	**386**
SETO r1/m1	0F 90	4 3	4 5

⚑	O	D	I	T	S	Z	A	P	C
	=1								

⚠	Setzt den Operanden auf 01h, wenn das OVERFLOW-Flag gesetzt ist.
ⓘ	Byte setzen, wenn Überlauf

SETP			
Befehl	**Opcode**	**486**	**386**
SETP r1/m1	0F 9A	4 3	4 5

⚑	O	D	I	T	S	Z	A	P	C
								=1	

⚠	Setzt den Operanden auf 01h, wenn das PARITY-Flag gesetzt ist.
ⓘ	Byte setzen, wenn Parität

SETPE			
Befehl	**Opcode**	**486**	**386**
SETPE r1/m1	0F 9A	4 3	4 5

⚑	O	D	I	T	S	Z	A	P	C
								=1	

⚠	Setzt den Operanden auf 01h, wenn das PARITY-Flag gesetzt ist.
ⓘ	Byte setzen, wenn gerade Parität

SETPO			
Befehl	**Opcode**	**486**	**386**
SETPO r1/m1	0F 9B	4 3	4 5

⚑	O	D	I	T	S	Z	A	P	C
								=0	

⚠	Setzt den Operanden auf 01h, wenn das PARITY-Flag gelöscht ist.
ⓘ	Byte setzen, wenn ungerade Parität

SETS									
Befehl		Opcode			486		386		
SETS r1/m1		OF 98			4 3		4 5		

🏴	O	D	I	T	S	Z	A	P	C
					=1				

⚠ Setzt den Operanden auf 01h, wenn das SIGN-Flag gesetzt ist.

ⓘ Byte setzen, wenn Vorzeichen (kleiner als Null)

SETZ									
Befehl		Opcode			486		386		
SETZ r1/m1		OF 94			4 3		4 5		

🏴	O	D	I	T	S	Z	A	P	C
						=1			

⚠ Setzt den Operanden auf 01h, wenn das ZERO-Flag gesetzt ist.

ⓘ Byte setzen, wenn Null

SGDT - SIGT							
Befehl		Opcode		486	386	286	86
SGDT m2&4		OF 01 /0		p10	p9	p11	
SIGT m2&4		OF 01 /1		p10	p9	p11	

🏴	O	D	I	T	S	Z	A	P	C

⚠ Dieser Befehl ist für Betriebssystemprogramme vorgesehen.
Nur im Protected Mode der Prozessoren ab 80286 einsetzbar.

ⓘ Globale/Interrupt-Deskriptor-Tabelle speichern

SHLD				
Befehl		Opcode	486	386
SHLD r2/m2, r2, c1 SHLD r4/m4, r4, c1		OF A4	2 3	3 7
SHLD r2/m2, r2, CL SHLD r4/m4, r4, CL		OF A5	2 3	3 7

🏴	O	D	I	T	S	Z	A	P	C
	?				+	+	?	+	+

⚠ Schiebt den ersten Operand um die Anzahl, die im letzten Operanden angegeben wurde, nach links und füllt mit dem Bitmuster des zweiten Operanden auf.

ⓘ Bit-Verschiebung links mit doppelter Genauigkeit

SHR

Befehl		Opcode		486	386	286	86
SHR r1/m1, 1	D0	/5		3 4	3 7	2 7	2+ 15+
SHR r1/m1, CL	D2	/5		3 4	3 7	5 8	8+[1] 20+[1]
SHR r1/m1, c1	C0	/5 ib		2 4	3 7	5 8	2+ 15+
SHR r2/m2, 1 SHR r4/m4, 1	D1	/5		3 4	3 7	2 7	8+[1] 20+[1]
SHR r2/m2, CL SHR r4/m4, CL	D3	/5		3 4	3 7	5 8	
SHR r2/m2, c1 SHR r4/m4, c1	C1	/5 ib		2 4	3 7	5 8	

⚑	O	D	I	T	S	Z	A	P	C
	+				+	+	?	+	+

⚠ Das Bitmuster des ersten Operanden wird entsprechend der Anzahl im zweiten Operanden zyklisch verschoben. Das Bit 0 wird in das CARRY-Flag kopiert, das freiwer-

```
            8-Bit-Datum

0 →  | 7 | 6 | 5 | 4 | 3 | 2 | 1 | 0 | →  | CARRY |
```

Das Schieben nach rechts mit Löschung des höchstwertigen Bits entspricht der vorzeichenlosen Division durch 2.
[1] Für den 8086 müssen jeweils 4 Takte pro Bit hinzuaddiert werden.

ⓘ Bit-Verschiebung rechts

SHRD

Befehl		Opcode	486	386
SHRD r2/m2, r2, c1 SHRD r4/m4, r4, c1		0F AC	2 3	3 7
SHRD r2/m2, r2, CL SHRD r4/m4, r4, CL		0F AD	3 4	3 7

⚑	O	D	I	T	S	Z	A	P	C
	?				+	+	?	+	+

⚠ Schiebt den ersten Operand um die Anzahl, die im letzten Operanden angegeben wurde, nach rechts und füllt mit dem Bitmuster des zweiten Operanden auf.

ⓘ Bit-Verschiebung rechts mit doppelter Genauigkeit

SLDT - SIGT

Befehl		Opcode		486	386	286	86
SLDT r2/m2		0F 00	/0	p2 p3	p2 p2	p2 p3	

⚑	O	D	I	T	S	Z	A	P	C

SLDT - SIGT

⚠ Dieser Befehl ist für Betriebssystemprogramme vorgesehen.
Nur im Protected Mode der Prozessoren ab 80286 einsetzbar.

ⓘ Lokale Deskriptor-Tabelle speichern

SMSW

Befehl	Opcode	486	386	286	86
SMSW r2/2	OF 01 /4	p2 p3	p2 p2	p2 p3	

⚑	O	D	I	T	S	Z	A	P	C

⚠ Dieser Befehl ist für Betriebssystemprogramme vorgesehen.
Nur im Protected Mode der Prozessoren ab 80286 einsetzbar.

ⓘ Maschinen-Status-Wort speichern

STC

Befehl	Opcode	486	386	286	86
STC	F9	2	2	2	2

⚑	O	D	I	T	S	Z	A	P	C
									1

ⓘ Carry-Flag setzen

STD

Befehl	Opcode	486	386	286	86
STD	FD	2	2	2	2

⚑	O	D	I	T	S	Z	A	P	C
		1							

ⓘ Direction-Flag setzen

STI

Befehl	Opcode	486	386	286	86
STI	FB	5	3	2	2

⚑	O	D	I	T	S	Z	A	P	C
			1						

ⓘ Interrupt-Enable-Flag setzen

STOS - STOSB - STOSW - STOSD

Befehl	Opcode	486	386	286	86
STOS m1	AA	5	4	3	11
STOS m2 STOS m4	AB	5	4	3	11
STOSB	AA	5	4	3	11
STOSW STOSD	AB	5	4	3	11

⚑	O	D	I	T	S	Z	A	P	C

STOS - STOSB - STOSW - STOSD

⚠ Speichert den Inhalt des AL-, AX- bzw. EAX-Registers in den über das ES:(E)DI-Register adressierten Speicherplatz. Ist das DIRECTION-Flag gelöscht, wird anschliessend das Index-Register entsprechend der Datenbreite um 1, 2 oder 4 inkrementiert; ansonsten wird es dekrementiert.
Mit dem Befehl → REP können mehrere Daten gespeichert werden.

ⓘ String speichern

STR

Befehl	Opcode	486	386	286	86
STR r2/m2	0F 00 /1	p2 p3	p23 p27	p2 p3	

⚑	O	D	I	T	S	Z	A	P	C

⚠ Dieser Befehl ist für Betriebssystemprogramme vorgesehen.
Nur im Protected Mode der Prozessoren ab 80286 einsetzbar.

ⓘ Task-Register laden

SUB

Befehl	Opcode		486	386	286	86
SUB AL, c1	2C	ib	1	2	3	4
SUB AX, c2	2D	iw	1	2	3	4
SUB EAX, c4	2D	id	1	2		
SUB r1/m1, c1	80	/5 ib	1 3	2 7	3 7	4+ 17+
SUB r2/m2, c2	81	/5 iw	1 3	2 7	3 7	4+ 17+
SUB r4/m4, c4	81	/5 id	1 3	2 7		
SUB r2/m2, c1 SUB r4/m4, c1	83	/5 ib	1 3	2 7		
SUB r1/m1, r1	28	/r	1 3	2 6	3 7	3+ 16+
SUB r2/m2, r2 SUB r4/m4, r4	29	/r	1 3	2 6	3 7	3+ 16+
sbb r1, r1/m1	2A	/r	1 2	2 7	2 7	3+ 9+
SUB r2, r2/m2 SUB r4, r4/m4	2B	/r	1 2	2 7	2 7	3+ 9+

⚑	O	D	I	T	S	Z	A	P	C
	+				+	+	+	+	+

⚠ Subtrahiert den Inhalt des zweiten Operanden vom ersten Operanden.
Wenn der zweite Operand aus weniger Bytes besteht als der erste, erfolgt zunächst eine Vorzeichenerweiterung auf das gleiche Format.

ⓘ Integer-Subtraktion

TEST				486	386	286	86
Befehl		**Opcode**					
TEST r1/m1, r1	84	/r		1 2	2 5	3 6	3+ 9+
TEST r2/m2, r2 TEST r4/m4, r4	85	/r		1 2	2 5	3 6	3+ 9+
TEST AL, c1	A8	ib		1	2	3	4
TEST AX, c2	A9	iw		1	2	3	4
TEST EAX, c4	A9	id		1	2		
TEST r1/m1, c1	F6	/0 ib		1 3	2 7	2 6	5+ 11+
TEST r2/m2, c2	F7	/0 iw		1 3	2 7	2 6	5+ 11+
TEST r4/m4, c4	F7	/0 id		1 3	2 7		

⚑	O	D	I	T	S	Z	A	P	C
	0				+	+	?	+	0

⚠ Logischer UND-Vergleich: Sind die gleichwertigen Bits jeweils gleich 1, wird das entsprechende Ergebnisbit gleich

ⓘ Vergleich durch logische UND-Verknüpfung

VERR - VERW			486	386	286	86
Befehl		**Opcode**				
VERR r2/m2	0F 00 /4		p11 p11	p10 p11	p14 p16	
VERW r2/m2	0F 00 /4		p11 p11	p15 p16	p14 p16	

⚑	O	D	I	T	S	Z	A	P	C
						+			

⚠ Wenn die zu prüfende Aktion (VERR: lesen, VERW: schreiben) zulässig ist, wird das ZERO-Flag gesetzt. Nur im Protected Mode der Prozessoren ab 80286 einsetzbar.

ⓘ Prüfen, ob Segment lesbar/beschreibbar

WAIT			486	386	286	86
Befehl		**Opcode**				
WAIT		9B	1-3	6	3	4+5n

⚑	O	D	I	T	S	Z	A	P	C

⚠ Die BUSY-Leitung wird vom Koprozessor gesteuert und ist solange aktiv (LOW), bis dieser eine Operation abgeschlossen hat. Der Befehl wird nach einer ESC-Anweisung eingesetzt, um auf das Ergebnis des Koprozessors zu warten.

ⓘ Warten bis BUSY-Leitung inaktiv

WBINVD

Befehl	Opcode	486	386
WBINVD	OF 09	5	

⚑	O	D	I	T	S	Z	A	P	C

⚠ Nachdem der Cache in den Hauptspeicher zurückgeschrieben wurde, wird er entleert.
Dieser Befehl ist hardwareabhängig und kann bei künftigen Prozessorvarianten geändert sein.

ⓘ Cache zurückschreiben und für ungültig erklären

XADD

Befehl	Opcode	486	386
XADD r1/m1, r1	OF C0 /r	3 4	
XADD r2/m2, r2 XADD r4/m4, r4	OF C1 /r	3 4	

⚑	O	D	I	T	S	Z	A	P	C

⚠ Der Inhalt der beiden Operanden wird ausgetauscht und die Summe im ersten Operanden (Register oder Speicherplatz) gespeichert.

ⓘ Austauschen und addieren

XCHG

Befehl	Opcode	486	386	286	86
XCHG r1/m1, r1 XCHG r1, r1/m1	86 /r	3 5	3 5	3 5	4+ 17+
XCHG r2/m2, r2 XCHG r2, r2/m2 XCHG r4/m4, r4 XCHG r4, r4/m4	87 /r	3 5	3 5	3 5	4+ 17+
XCHG AX, r2 XCHG r2, AX XCHG EAX, r4 XCHG r4, EAX	90 +r	3	3	3	3

⚑	O	D	I	T	S	Z	A	P	C

⚠ Tauscht den Inhalt eines Registers mit einem anderen Register oder einem Speicherplatz.

ⓘ Austausch von Inhalten

XLAT- XLATB

Befehl	Opcode	486	386	286	86
XLAT m1	D7	4	5	5	11
XLAT	D7	4	5	5	11

⚑	O	D	I	T	S	Z	A	P	C

⚠ Transferiert den Inhalt des Speicherplatzes, der über DS:(E)BX + AL adressiert wird, in das AL-Register.
Durch den optionalen Operanden kann explizit ein Segment vorgegeben werden.

ⓘ Tabellen-Eintrag holen

XOR			486	386	286	86
Befehl		Opcode	486	386	286	86
XOR AL, c1	34	ib	1	2	3	4
XOR AX, c2	35	iw	1	2	3	4
XOR EAX, c4	35	id	1	2		
XOR r1/m1, c1	80	/6 ib	1 / 3	2 / 7	3 / 7	4+ / 17+
XOR r2/m2, c2	81	/6 iw	1 / 3	2 / 7	3 / 7	4+ / 17+
XOR r4/m4, c4	81	/6 id	1 / 3	2 / 7		
XOR r2/m2, c1 XOR r4/m4, c1	83	/6 ib	1 / 3	2 / 7		
XOR r1/m1, r1	30	/r	1 / 3	2 / 6	2 / 7	3+ / 16+
XOR r2/m2, r2 XOR r4/m4, r4	31	/r	1 / 3	2 / 6	2 / 7	3+ / 16+
XOR r1, r1/m1	32	/r	1 / 2	2 / 7	2 / 7	3+ / 9+
XOR r2, r2/m2 XOR r4, r4/m4	33	/r	1 / 2	2 / 7	2 / 7	3+ / 9+

⚐	O	D	I	T	S	Z	A	P	C
	0				+	+	?	+	0

⚠ Alle Bits der beiden Operanden werden einzeln mit der Booleschen Exklusiv-ODER-Funktion verknüpft. Dabei wird das Ergebnisbit gesetzt, wenn die jeweiligen Operandenbits ungleich sind; ansonsten ist es gelöscht.

ⓘ Logische Exklusiv-ODER-Verknüpfung

  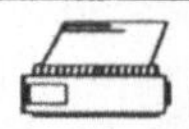 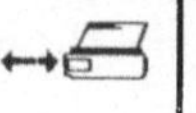 

2   Interrupt 21h

Das Betriebssystem MS-DOS stellt eine ganze Reihe Funktionen zur
Verfügung, die der Programmierer beliebig in seinem Programm
einsetzen kann. Generell muß bei einem Aufruf einer Funktion des
Interrupt 21h die Funktionsnummer im AH-Register stehen. In allen
nachfolgenden Beschreibungen wurde diese Registerbelegung daher
nicht mehr ausdrücklich erwähnt.

Bei zahlreichen Funktionen können Fehler auftreten, die man im
Programm abfangen und auswerten kann. Üblicherweise ist nach
einem fehlerfreien Funktionsaufruf das CARRY-Flag gelöscht.
Sollte es gesetzt sein, wird in AX ein Fehlercode zurückgeliefert.

Erläuterungen

Um einen schnelleren Zugriff auf die Funktionen, die das Betriebs-
system zur Verfügung stellt, zu ermöglichen, finden Sie zu Beginn
jeder Seite eine Leiste mit Ikonen. Diese geben das Einsatzgebiet
der Funktionen wieder und sind in einzelne Hauptanwendungs-
gebiete gegliedert.

Zeichen zur Klassifizierung der Interrupt-21h-Funktionen	
MS DOS	Funktionen, die das Betriebssystem intern betreffen (z.B. Festlegung der Sprache)
	Befehle für die Benutzerschnittstelle (Zeichenein- bzw. -ausgabe)
	Befehle für die Behandlung von Laufwerken und Dateien
	Befehle für den Datenaustausch mit Peripheriege- räten (Drucker, u.a.)
	Befehle für die Steuerung von Peripheriegeräten, auch in Netzwerken
	Befehle, die sich auf den Arbeitsspeicher und die Programmverwaltung beziehen

Die detaillierte Beschreibung der Funktionen erfolgt in diesem Buch
in Tabellenform. Tabellen haben den Vorteil, daß die gesuchten
Informationen schnell zu finden sind. Die Einteilung der einzelnen
Tabellenfelder entnehmen Sie bitte folgenden Aufstellung.

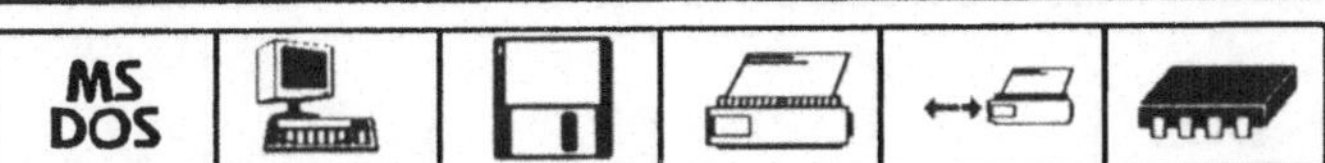

Funktionsbezeichnung Original Microsoft-Bezeichnung	gültig ab DOS-Version	Funktions- nummer
➤ Aufrufparameter mit Registerangabe. Wenn diese Angabe fehlt, erfolgt ein Aufruf nur mit der Funktionsnummer.		
☑ Rückgabe bei fehlerfreier Ausführung		
☒ Rückgabe bei fehlerbehafteter Ausführung		
⚑ Auflistung der Flags, die verändert werden. Steht hier keine eindeutige Wertzuweisung (z.B.: ZERO = 0), hängt der Zustand des Flags vom Funktionsergebnis ab.		
⚠ Worauf besonders zu achten ist, steht in diesem Feld. Auch weitergehende Hinweise und Tips sind hier zu finden.		
ⓘ Allgemeine Informationen zu der Funktion sind hier zu finden.		

Da nicht jede Funktion einen Wert zurückliefert und manche
Funktionen allein durch ihre Bezeichnung eindeutig beschrieben
sind, variert die Anzahl der dargestellten Felder. Auch hier soll
durch die Verwendung von grafischen Symbolen die schnelle und
fehlerfreie Interpretation der Angaben unterstützt werden.

Begriffserklärung	
ASCIIZ	Zeichenkette bestehend aus ASCII-Zeichen, die durch ein Null-Byte (00h) abgeschlossen wird.

2.1   MS-DOS-Fehlercodes

MS-DOS liefert über das AX- oder das AL-Register den Fehlercode
eines Funktiosaufrufs zurück. Die schraffierten Nummern stehen in
der nachfolgenden Tabelle für *erweiterte* Fehlercodes, die mit der
Funktion 59h abgefragt werden können.

	Fehler
01h	Ungültiger Funktionscode
02h	Datei nicht gefunden
03h	Pfad nicht gefunden
04h	Zu viele Dateien offen
05h	Zugriff verweigert
06h	Ungültiges Handle
07h	Speicher-Kontrollblöcke zerstört
08h	Nicht genügend Speicher frei
09h	Ungültiger Zeiger auf Speicher-Kontrollblock
0Ah	Ungültiger Zeiger auf Environment
0Bh	Ungültiges Format
0Ch	Ungültiger Zugriffscode

<table>
<tr><td>MS
DOS</td><td></td><td></td><td></td><td></td><td></td></tr>
</table>

	Fehler
0Dh	Ungültige Daten
0Fh	Ungültiges Laufwerk
10h	Aktuelles Directory nicht löschbar
11h	Funktion nicht auf das gleiche Laufwerk anwendbar
12h	Keine weiteren Datei vorhanden
13h	Diskette schreibgeschützt
14h	Unbekannte Einheit
15h	Laufwerk nicht bereit
16h	Unbekanntes Kommando
17h	Datenfehler (CRC)
18h	Falsche Länge der Anforderungsstruktur
19h	Suchfehler
1Ah	Unbekannter Medien-Typ
1Bh	Sektor nicht gefunden
1Ch	Drucker hat kein Papier mehr
1Dh	Schreibfehler
1Eh	Lesefehler
1Fh	Allgemeiner Fehler
20h	Datei-Sharing-Fehler
21h	Sperren bzw. freigeben nicht möglich
22h	Nicht erlaubter Diskettenwechsel
23h	File-Control-Block nicht vorhanden
24h	Sharing-Puffer voll
32h	Netzwerkanforderung nicht unterstützt
33h	Angeschlossenes Gerät spricht nicht an
34h	Doppelter Netzwerkname
35h	Netzwerkname nicht gefunden
36h	Netzwerk aktiv
37h	Gerät existiert im Netzwerk nicht mehr
38h	Kommandobegrenzung überschritten (netBIOS)
39h	Fehler im Netzwerkadapter
3Ah	Fehlerhafte Antwort vom Netzwerk
3Bh	Unerwarteter Netzwerkfehler
3Ch	Angeschlossener Adapter inkompatibel
3Dh	Drucker-Warteschlange voll
3Eh	Warteschlange nicht voll
3Fh	Nicht genügend Platz für die Druckdatei
40h	Netzwerkname gelöscht
41h	Zugriff verweigert
42h	Falscher Netzwerk-Gerätetyp
43h	Netzwerkname nicht gefunden
44h	Zu viele Netzwerknamen

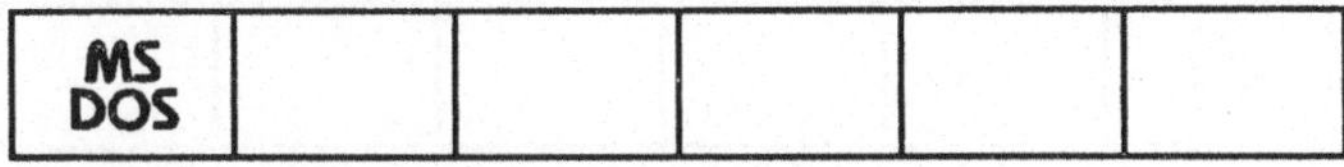

MS DOS					

	Fehler
45h	Sitzungslimit überschritten (netBIOS)
46h	Vorübergehende Pause
47h	Netzwerkanforderung nicht akzeptiert
48h	Pause bei der Drucker-/Laufwerksumleitung
50h	Datei existiert bereits
52h	Verzeichnis kann nicht angelegt werden
53h	Fehler in Interrupt 24h (kritischer Fehler)
54h	Keine Strukturen mehr vorhanden
55h	Zuweisung bereits durchgeführt
56h	Ungültiges Passwort
57h	Ungültiger Parameter
58h	Schreibfehler im Netzwerk

Get Extended Error	**3.0**	**59h**

➤ BX = 00h

☑ AX = Erweiterter Fehlercode
BH = Fehlerklasse
BL = empfohlene Aktion
CH = Fehlerort

⚠ Alle Register außer CS, IP, SS und SP werden zerstört, daher sollten diese Register vor Aufruf der Funktion gesichert werden.

ⓘ Gibt detailierte Informationen über die Fehlerursache nach einem Interrupt-21h-Aufruf und schlägt Reaktionen vor.

BH	**Fehlerklasse**
01h	Resourcenknappheit (z.B. Speicher)
02h	Kein Fehler → zeitweilige Situation (z.B. durch gesperrte Datei)
03h	Autorisierungsprobleme
04h	Interner Fehler in der Systemsoftware
05h	Hardwarefehler
06h	Systemsoftwarefehler. Nicht durch den aktuellen Prozeß hervorgerufen.
07h	Fehler in Applikationsprogramm
08h	Datei nicht gefunden
09h	Datei hat ungültigen Typ/Format
0Ah	Datei gesperrt
0Bh	Problem mit einem Speichermedium
0Ch	Anderer Fehler

MS DOS					

CH	Fehlerort
01h	Unbekannt
02h	Laufwerksfehler
03h	Netzwerk
04h	Serielles Gerät
05h	Speicher

2.2   Zeichenausgabe

MS-DOS stellt verschiedene Funktionen für die Zeichenausgabe
bereit. Bei den Funktionen, die durch Control-Break unterbrochen
werden, wird hierdurch der INT 23h ausgelöst. Zusätzlich zu den
hier aufgeführten Funktionen ist es möglich, Zeichen über die
Funktion 40h auszugeben (→ Handles).

Display Character	1.0	02h

➤   DL   = Zeichen

ⓘ   Gibt das Zeichen in DL auf dem Standard-Ausgabegerät
     CON (Bildschirm) aus.
     Diese Funktion läßt sich durch Control-Break abbrechen.

Auxiliary Output	1.0	04h

➤   DL   = Zeichen

ⓘ   Gibt das Zeichen in DL auf dem Standard-Ausgabegerät
     AUX (erste serielle Schnittstelle COM1) aus.
     Diese Funktion läßt sich durch Control-Break abbrechen.

Print Character	1.0	05h

➤   DL   = Zeichen

ⓘ   Gibt das Zeichen in DL auf dem Standard-Ausgabegerät
     PRN (Drucker) aus.
     Diese Funktion läßt sich durch Control-Break abbrechen.

Direct Console I/O	1.0	06h

➤   DL   = Zeichen

⚠   Wenn in DL der Wert 255 (0FFh) steht, erwartet diese
     Funktion ein Zeichen vom Standard-Eingabegerät CON
     (Tastatur).

ⓘ   Gibt das Zeichen in DL auf dem Standard-Ausgabegerät
     CON (Bildschirm) aus.

Display String	1.0	09h

➤   DS:DX = Zeigt auf den Anfang der Zeichenkette

ⓘ   Gibt die Zeichenkette, deren Anfangsadresse in DS:DX
     steht, auf dem Standard-Ausgabegerät CON (Bildschirm)
     aus.

2.3   Zeicheneingabe

Read Keyboard and Echo	1.0	01h

☑ AL   = Zeichen

ⓘ Wartet auf ein Zeichen von dem Standard-Eingabegerät
CON (Tastatur) und liest es in das AL-Register ein. Das
Zeichen wird auf CON ausgegeben.
Diese Funktion läßt sich durch Control-Break abbrechen.

Auxiliary Input	1.0	03h

☑ AL   = Zeichen

ⓘ Wartet auf ein Zeichen von der Standard-Schnittstelle
AUX (erste serielle Schnittstelle COM1) und liest es in
das AL-Register ein. Das Zeichen wird nicht auf CON
ausgegeben.
Diese Funktion läßt sich durch Control-Break abbrechen.

Direct Console I/O	1.0	06h

➤ DL   = 0FFh   Flag für Eingabe

☑ AL   = Zeichen

⚑ ZERO

⚠ Nur wenn das ZERO-Flag = 0 ist, liegt in AL ein Zei-
chen vor.
Wenn in DL ein anderer Wert als 255 (0FFh) steht, wird
ein Zeichen ausgegeben.

ⓘ Liest ein Zeichen von dem Standard-Gerät CON
(Tastatur) ein. Es wird weder auf das Zeichen gewartet,
noch wird dieses auf CON ausgegeben.
Diese Funktion läßt sich nicht abbrechen.

Direct Console Input	1.0	07h

☑ AL   = Zeichen

ⓘ Liest ein Zeichen von dem Standard-Gerät CON
(Tastatur) ein. Es wird auf die Eingabe gewartet, das
Zeichen jedoch nicht ausgegeben.
Diese Funktion läßt sich nicht abbrechen.

Read Keyboard	1.0	08h

☑ AL   = Zeichen

ⓘ Liest ein Zeichen von dem Standard-Gerät CON
(Tastatur) ein. Es wird auf die Eingabe gewartet, das
Zeichen jedoch nicht ausgegeben.
Diese Funktion läßt sich durch Control-Break abbrechen.

Buffered Keyboard Input	1.0	0Ah

➤ DS:DX = Pufferadresse
MaxL   = Maximale Zeichenzahl

☑ AktL   = Anzahl gelesener Zeichen
Puffer = Gelesene Zeichen

ⓘ Liest bis zu 255 Zeichen vom Standard-Input (Tastatur)
in einen Puffer ein. Die Eingabe kann minimal editiert
werden (Backspace-Taste).
Diese Funktion läßt sich durch Control-Break abbrechen.

Check Keyboard Status	1.0	0Bh

☑ AL   = 00h   → Kein Zeichen im Tastaturpuffer
AL   = FFh   → Zeichen vorhanden

ⓘ Überprüfung des Tastaturpuffers.
Diese Funktion läßt sich durch Control-Break abbrechen.

Flush Buffer and Read Keyboard	1.0	0Ch

➤ AL   = 0, 1, 6, 7, 8 oder 0Ah

☑ Rückgabewerte entsprechend der Unterfunktion

⚐ Unterfunktion 6 (AL = 06h): ZERO-Flag

⚠ AL = 0 löscht nur den Tastaturpuffer

ⓘ Löscht den Tastaturpuffer und führt die gewählte
Eingabefunktion aus. Das Warte-, Echo- bzw. Control-
Break-Verhalten dieser Unterfunktionen gilt
entsprechend.

2.4   Laufwerk-Verwaltung

Reset Disk	1.0	0Dh

⚠ Ab Version 3.3 sollte die Funktion 68h verwendet werden,
da dabei auch die Verzeichniseinträge und die FAT
aktualisiert werden.
Diese Funktion aktualisiert nicht die Verzeichniseinträge,
d.h. die Dateien müssen auf jeden Fall «zu Fuß» ge-
schlossen werden. Ansonsten droht Datenverlust!

ⓘ Schreibt die Daten aus dem (den) MS-DOS-Datei-
puffer(n) in die Dateien und löscht anschließend den
(die) Puffer.

Select Disk	1.0	0Eh

➤ DL   = Laufwerk (0 = A, 1 = B, 2 = C, ...)

☑ AL   = Anzahl der logischen Laufwerke

⚠ Die Zahl der physikalischen Laufwerke läßt sich mit dem
BIOS-Aufruf INT 11h ermitteln.

ⓘ Selektiert das angegebene Laufwerk als Standardlaufwerk
(→ Funktion 19h) und gibt die Zahl der logischen (!)
Laufwerke zurück. Ab Version 3 wird die LASTDRIVE-
Festlegung zurückgegeben.

| | | 🖫 | | | |

Get Current Drive	1.0	**19h**
☑ AL = Laufwerk (0 = A, 1 = B, 2 = C, ...)		
① Liefert die Nummer des aktuellen Laufwerkes zurück.		

Set Disk Transfer Address	1.0	**1Ah**
➤ DS:DX = Zeiger auf neuen Transfer-Bereich		
⚠ Standardmäßig ist die Disk-Tranfer-Address (DTA) auf Adresse 80h im Programm-Segment-Präfix gesetzt. Für alle Dateizugriffe, die mehr als 128 Byte Puffer benötigen, sollte mit dieser Funktion ein neuer Puffer zugewiesen werden.		
① Setzt den Bereich neu, den MS-DOS als Puffer für Datei-operationen nutzt.		

Get Default Drive Data	2.0	**1Bh**
☑ AL = Sektoren pro Cluster CX = Byte pro Sektor DX = Gesamtzahl der Cluster DS:BX = Zeiger auf Medienbyte in FAT-Kopie		
☒ AL = 0FFh oder kritischer Fehler		
⚠ Für Diskettenlaufwerke sollte die Funktion 1Ch oder 36h des Interrupt 21h verwendet werden. Für den direkten Zugriff auf die Zuordnungstabelle (FAT) muß der Interrupt 25h verwendet werden.		
① Gibt die physikalischen Daten des Standardlaufwerkes zurück.		

Medienbyte	
0F0h	3½",2 Seiten, 18 Sektoren/Spur (1,44 MB) 3½",2 Seiten, 36 Sektoren/Spur (2,88 MB) 5¼",2 Seiten, 15 Sektoren/Spur (1,2 MB) Ferner noch weitere, hier nicht aufgeführte Formate.
0F8h	Festplatte
0F9h	3½",2 Seiten, 9 Sektoren/Spur (720 K) 5¼",2 Seiten, 15 Sektoren/Spur, 40 Spuren/Seite (1,2 MB)
0FAh	5¼",1 Seite, 8 Sektoren/Spur (360 K)
0FBh	3½",2 Seiten, 8 Sektoren/Spur (640 K)
0FCh	5¼",1 Seite, 9 Sektoren/Spur, 40 Spuren/Seite (180 K)
0FDh	5¼",2 Seiten, 9 Sektoren/Spur, 40 Spuren/Seite (360 K) Dieses Medienbyte wird ebenso für 8"-Disketten verwendet.
0FEh	5¼",1 Seite, 9 Sektoren/Spur, 40 Spuren/Seite (180 K) Dieses Medienbyte wird ebenso für 8"-Disketten verwendet.
0FFh	5¼",2 Seiten, 8 Sektoren/Spur, 40 Spuren/Seite (320 K)

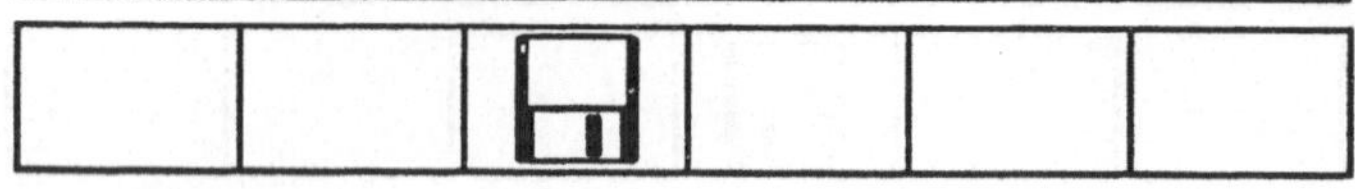

Get Drive Data	2.0	1Ch

➤ DL = Laufwerk (0 = aktuell, 1 = A, 2 = B, ...)

☑ wie Funktion 1Bh

☒ AL = 0FFh

⚠ Diese Funktion sollte für Diskettenlaufwerke verwendet werden.

ⓘ Ermittelt die physikalischen Parameter des gewählten Laufwerkes.

Get Default Drive Parameter Block (DPB)	5.0	1Fh

☑ DS:BX = Zeiger auf Drive-Parameter-Block (DPB)

```
DPB STRUC
  dbpDrive        db ? ; drive number (0= A, 1= B, ...)
  dpbUnit         db ? ; unit number for driver
  dpbSectorSize   dw ? ; sector size, in bytes
  dpbClusterMask  db ? ; sectors per cluster - 1
  dpbClusterShift db ? ; sectors per cluster
                       ; as power of 2
  dpbFirstFAT     dw ? ; first sector containing FAT
  dpbFATCount     db ? ; number of FATs
  dpbRootEntries  dw ? ; number of root-directory
                       ; entries
  dpbFirstSector  dw ? ; first sector of 1. cluster
  dpbMaxCluster   dw ? ; number of clusters on
                       ; drive + 1
  dpbFATSize      dw ? ; number of sectors occupied
                       ; by FAT
  dpbDirSector    dw ? ; first sector containing
                       ; directory
  dpbDriverAddr   dd ? ; address of device driver
  dpbMedia        db ? ; media descriptor
  dpbFirstAccess  db ? ; indicates access to drive
  dpbNextDPB      dd ? ; address of next dpb
  dpbNextFree     dw ? ; last allocated cluster
  dpbFreeCnt      dw ? ; number of free clusters
DPB ENDS
```

ⓘ Gibt die Parameter des aktuellen Laufwerks zurück.

Get Disk Transfer Area	2.0	2Fh

☒ ES:BX = Adresse des Diskettenpuffers

ⓘ Gibt die Adresse des Pufferbereichs für Diskettenzugriffe zurück.

Get Drive Parameter Block (DPB)	5.0	32h

➤ DL = Laufwerk (0 = aktuell, 1 = A, 2 = B, ...)

☑ DS:BX = Zeiger auf Drive-Parameter-Block (DPB)

☒ AL = 0FFh

⚠ Der Aufbau des Drive-Parameter-Blocks ist in Funktion 1Fh beschrieben.

ⓘ Gibt die Parameter des spezifizierten Laufwerks zurück.

Get Startup Drive	2.0	33h 05h
➤ AL	= 05h	
☑ DL	= Laufwerk (1 = A, 2 = B, ...)	
ⓘ Gibt die Nummer des Laufwerks wieder, von dem aus MS-DOS gestartet wurde.		

Get Free Disk Space	2.0	36h
➤ DL	= Laufwerk (0 = aktuell, 1 = A, 2 = B, ...)	
☑ AX BX CX DX	= Sektoren pro Cluster = Anzahl der freien Cluster = Bytes pro Sektor = Cluster pro Laufwerk	
☒ AX	= 0FFFFh	
ⓘ Mit dieser Funktion läßt sich die gesamte und die freie Kapazität eines Laufwerkes berechnen: frei: AX · BX · CX Bytes gesamt: AX · CX · DX Bytes		

2.5 Verzeichnis-Verwaltung

Die Speicherung von Dateien, die Programme oder Daten beinhalten können, erfolgt unter MS-DOS in sogenannten *Verzeichnissen*, die wiederum in einer Baumstruktur, den sogenannten *Pfaden* angelegt sind.

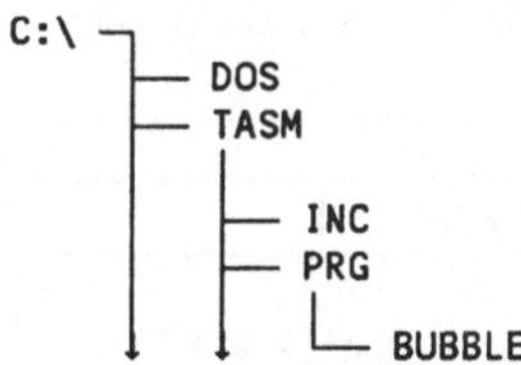

Zum Verwalten dieser Verzeichnisse stehen insgesamt vier Funktionen zur Verfügung.

Create Directory	2.0	39h
➤ DS:DX	= Zeiger auf Pfadangabe (ASCIIZ)	
☒ AX	= 2, 3, 5	
ⓘ Erstellt ein neues Unterverzeichnis unter Verwendung der Pfadangabe. Entspricht dem DOS-Befehl MKDIR.		

Remove Directory	2.0	3Ah
➤ DS:DX	= Zeiger auf Pfadangabe (ASCIIZ)	
☒ AX	= 3, 5, 10h	
ⓘ Entfernt das angegebene Unterverzeichnis. Entspricht dem DOS-Befehl RMDIR.		

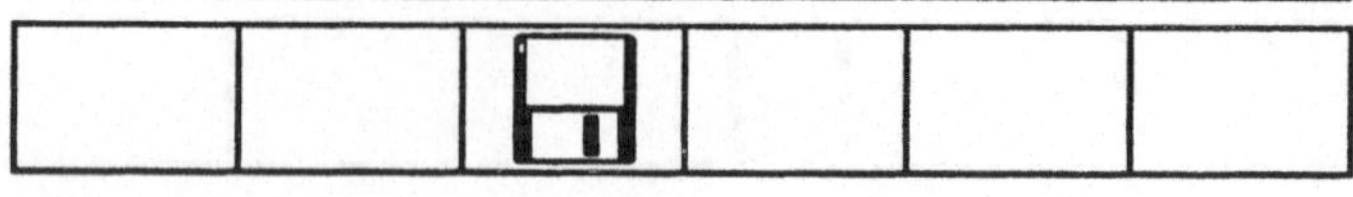

Change Current Directory	2.0	3Bh

> ➤ DS:DX = Zeiger auf Pfadangabe (ASCIIZ)

🗷 AX   = 3

ⓘ Wechselt in ein neues Unterverzeichnis. Entspricht dem
   DOS-Befehl CHDIR <subdir>.

Delete File	2.0	41h

➤ DS:DX = Zeiger auf Dateiname ggf. mit Pfadangabe
            (ASCIIZ)

🗷 AX   = 2, 3, 5

⚠ Die Platzhalter '*' und '?' sind nicht erlaubt.
   Auf Dateien mit den Attributen DIRECTORY,
   VOLUME-ID oder READ-ONLY können mit dieser
   Funktion nicht gelöscht werden. Die Attribute können
   aber vorher mit Funktion 43h neu gesetzt werden.

ⓘ Löscht eine Datei durch Entfernen aus dem Inhaltsver-
   zeichnis.

Get Current Directory	2.0	47h

➤ DL   = Laufwerk (0 = aktuell, 1 = A, 2 = B, ...)
   DS:SI = Zeiger auf 64-Byte-Zielpuffer

☑ Aktuelle Pfadangabe im Zielpuffer ohne Laufwerksan-
   gabe und führendes '\'-Zeichen als ASCIIZ-Zeichenkette
   (→ Das letzte Byte der Zeichenkette ist 00h).

🗷 AX   = 0Fh

⚠ Sind mehrere Unterverzeichnisse vorhanden, sind diese
   durch das Zeichen '\' getrennt.

ⓘ Liefert die aktuelle Pfadangabe eines Laufwerks.
   Entspricht dem DOS-Befehl CHDIR ohne Laufwerks-
   angabe.

Find First File	2.0	4Eh

➤ CX   = Attribut
   DS:DX = Beginn der Suchpfadangabe (ASCIIZ)

☑ Ausgefüllte FILEINFO-Struktur an Disk-Transfer-
   Adresse:

```
FILEINFO STRUC
   fiReserved      db 21 dup (?)  ; reserved
   fiAttribute     db ?           ; attributes of file
                                  ; found
   fiFileTime      dw ?           ; time of last write
   fiFileDate      dw ?           ; date of last write
   fiSize          dd ?           ; file size
   fiFileName      db 13 dup (?)  ; filename and
                                  ; extension
FILEINFO ENDS
```

🗷 AX   = 2, 3, 12h

⚠ Die Platzhalter '*' und '?' sind erlaubt.

ⓘ Sucht die erste, zu der Suchangabe passende Datei.

Find Next File	2.0	4Fh
➤	Durch die Funktion 4Eh vorbesetzte Disk-Transfer-Area	
☑	Siehe Funktion 4Eh	
☒	AX = 2, 3, 12h	
⚠	Die Funktion 4Eh muß vorher aufgerufen worden sein.	
①	Sucht die nächste Datei zu dem Suchmuster, das in Funktion 4Eh definiert wird.	

Rename File	2.0	56h
➤	DS:DX = Zeiger auf alte Pfadangabe (ASCIIZ) ES:DI = Zeiger auf neue Pfadangabe (ASCIIZ)	
☒	AX = 2, 3, 5, 11h	
⚠	Die Funktion arbeitet nur auf einem Laufwerk. Die Quelldatei und alle angegebenen Unterverzeichnisse müssen vorhanden sein. Die Platzhalter '*' und '?' sind nicht erlaubt.	
①	Benennt eine Datei um, wobei auch ein Verlagern der Datei in ein anderes Verzeichnis möglich ist. Entspricht dem DOS-Befehl RENAME.	

2.6   Datei-Verwaltung

Die Verwaltung der einzelnen Dateien wurde im Laufe der verschiedenen MS-DOS-Versionen immer wieder überarbeitet. So finden sich noch heute CP/M-Routinen aus der Anfangszeit neben neuen UNIX-kompatible Funktionen. Erstere haben zwar heute kaum noch eine Bedeutung, werden hier der Vollständigkeit halber vorgestellt. Die UNIX-kompatiblen Funktionen werden über sogenannten *Handles* aufgerufen und sind zu bevorzugen, da sie wesentlich einfacher und sicherer zu handhaben sind.

Die Dateiattribute werden für beide Funktionsarten in einem Byte wie in Bild 1-1 dargestellt verwaltet.

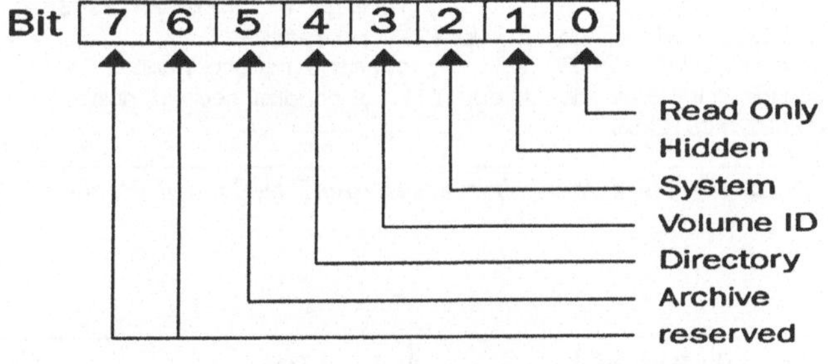

Bild 1-1 Dateiattribute

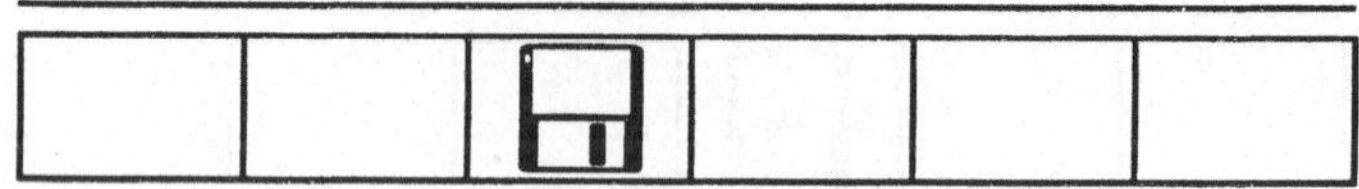

2.6.1   File-Control-Blocks (FCB)

Für alle Funktionen aus der CP/M-Zeit ist ein Puffer zur Verfügung
zu stellen, über den die dateispezifischen Angaben ausgetauscht
werden. Dieser Puffer, der als *File-Control-Block (FCB)* bezeichnet
wird, hat den in Tabelle 1-2 dargestellten Aufbau.

```
FCB STRUC
  fcbDriveID        db   ?        ; Drive no.
                                  ; (0 = default, 1 = A, ...)
  fcbFileName       db   '????????' ; filename
  fcbExtent         db   '???      ; file extension
  fcbCurrBlockNo    dw   ?        ; current block number
  fcbRecSize        dw   ?        ; record size
  fcbFileSize       db   4 dup (?)  ; size of file, in bytes
  fcbFileDate       dw   ?        ; date file last modified
                                  ; format: YYYYYYYMMMMDDDDD
  fcbFileTime       dw   ?        ; time file last modified
                                  ; format: HHHHHMMMMMMSSSSS
  fcbReserved       db   8 dup (?)  ; reserved
  fcbCurRecNo       db   ?        ; current record number
  fcbRandomRecNo    db   4 dup (?)  ; random record number
FCB ENDS
```

Tabelle 1-2 Aufbau eines File-Control-Blocks (FCB)

```
EXTENDEDFCB STRUC
  extSignature      db   OFFh   ; extended FCB signature
  extReserved       db   5 dup (?)  ; reserved
  extAttribute      db   ?      ; attribute byte

  ; standard file control block (FCB)
  extDriveID        db   ?        ; Drive no.
                                  ; (0 = default, 1 = A, ...)
  extFileName       db   '????????' ; filename
  extExtent         db   '???    ; file extension
  extCurrBlockNo    dw   ?        ; current block number
  extRecSize        dw   ?        ; record size
  extFileSize       db   4 dup (?)  ; size of file, in bytes
  extFileDate       dw   ?        ; date file last modified
                                  ; format: YYYYYYYMMMMDDDDD
  extFileTime       dw   ?        ; time file last modified
                                  ; format: HHHHHMMMMMMSSSSS
  extReserved       db   8 dup (?)  ; reserved
  extCurRecNo       db   ?        ; current record number
  extRandomRecNo    db   4 dup (?)  ; random record number
EXTENDEDFCB ENDS
```

Tabelle 1-3 Aufbau eines erweiterten File-Control-Blocks

Open File with FCB	1.0	0Fh
➤ DS:DX = Zeiger auf File-Control-Block		

☑   Initialisierter FCB:
Aktueller Block   = 0
Datensatzlänge   = 80h

ab Version 2:
Dateigröße, -datum und -uhrzeit aus Directory

		🗎			

Open File with FCB	1.0	**0Fh**

☒ AL = 0FFh

⚠ Die Angaben für den Dateinamen und das Suffix werden mit Leerzeichen aufgefüllt.
Pfadangaben werden nicht unterstützt.

ⓘ Öffnet eine Datei unter Verwendung eines File-Control-Blocks

---

Close File with FCB	1.0	**10h**

➤ DS:DX = Zeiger auf File-Control-Block

☒ AL = 0FFh

ⓘ Schließt die Datei und aktualisiert das Directory.

Find First File with FCB	1.0	**11h**

➤ DS:DX = Zeiger auf File-Control-Block mit den eingetragenen Suchkriterien Laufwerk, Dateiname und Dateierweiterung

☑ Ausgefüllte DIRENTRY-Struktur an Disk-Transfer-Adresse:

```
DIRENTRY STRUC
  deName          db '????????'     ; name
  deExtension     db '???'          ; extension
  deAttributes    db ?              ; attributes
  deReserved      db 10 dup (?)     ; reserved
  deTime          dw ?              ; time
  deDate          dw ?              ; date
  deStartCluster  dw ?              ; starting cluster
  deFileSize      dd ?              ; file size
DIRENTRY ENDS
```

☒ AL = 0FFh

⚠ Die Disk-Transfer-Adresse sollte vor Funktionsaufruf mit der Funktion 1Ah auf einen neuen Bereich gesetzt werden.
Der Platzhalter '?' ist im Dateinamen und im Dateisuffix erlaubt.
Soll beim Suchen das Dateiattribut mit berücksichtigt werden, muß ein erweiterter FCB verwendet werden. In diesem Fall wird vor der DIRENTRY-Struktur an die Disk-Transfer-Adresse eine EXTHEADER-Struktur angelegt.

```
EXTHEADER STRUC
  ehSignature    db 0FFh        ; extended signature
  ehReserverd    db 5 dup (?)   ; reserved
  ehSearchAttr   db ?           ; attribute byte
EXTHEADER ENDS
```

ⓘ Sucht nach dem ersten Eintrag im Inhaltsverzeichnis des angegebenen Laufwerks, der zum Suchmuster paßt.

Find Next File with FCB	1.0	**12h**

➤ wie in Funktion 11h

☑ wie in Funktion 11h

☒ AL = 0FFh

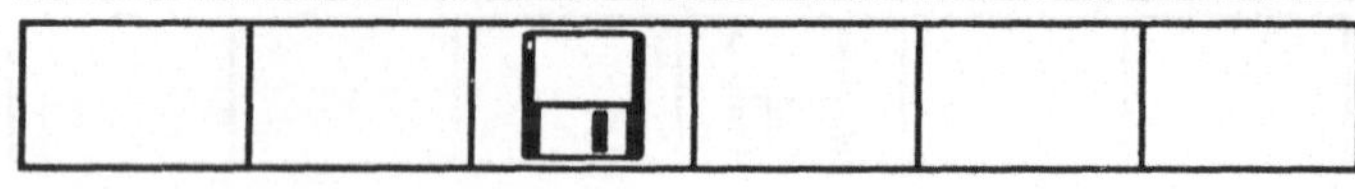

Find Next File with FCB	1.0	**12h**

⚠ Der File-Control-Block von Funktion 11h darf nicht verändert werden.

ⓘ Sucht nach dem nächsten Verzeichniseintrag.

Delete File with FCB	1.0	**13h**

➤ DS:DX = Zeiger auf File-Control-Block

☒ AL = 0FFh

⚠ Alle zu löschenden Dateien sollten geschlossen sein.

ⓘ Löscht eine oder mehrere Dateien, auf die das Suchmuster im File-Control-Block paßt ('?' erlaubt).

Sequential Read	1.0	**14h**

➤ DS:DX = Zeiger auf File-Control-Block

☒ AL = 1, 2, 3

⚠ Ein eingelesener Datensatz am Dateiende, der nicht die angegebene Datensatzlänge besitzt, wird mit 00h aufgefüllt.

ⓘ Liest den durch die FCB-Angabe des aktuellen Datenblocks und der Datensatznummer Datensatz in den Disk-Transfer-Bereich (DTA).

Sequential Write	1.0	**15h**

➤ DS:DX = Zeiger auf File-Control-Block

☒ AL = 1, 2

⚠ Nach dem Schreiben wird auf den nächsten Datensatz bzw. den nächsten Datenblock positioniert.

ⓘ Schreibt die aktuellen Daten im Disk-Transfer-Bereich (DTA) entsprechend den Datenblock- und Datensatzangaben im FCB gepuffert in die Datei.

Create File with FCB	1.0	**16h**

➤ DS:DX = Zeiger auf File-Control-Block

☒ AL = 0FFh

ⓘ Erzeugt eine leere Datei (Größe = 0 Byte), wobei die Dateiattribute mit einem erweitertern File-Control-Block festgelegt werden können.

Rename File with FCB	1.0	**17h**

➤ DS:DX = Spezieller File-Control-Block:

```
RENAMEFCB STRUC
  renDriveID      db ?            ; drive number
                                  ; (0=default, 1=A, …)
  renOldName      db '????????'   ; old filename
  renOldExtent    db '???'        ; old file extension
  renReserved1    db 5 dup (?)    ; reserved
  renNewName      db '????????'   ; new filename
  renNewExtent    db '???'        ; new file extension
  renReserved2    db 5 dup (?)    ; reserved
RENAMEFCB ENDS
```

Rename File with FCB	1.0	17h
☒ AL = 0FFh		
ⓘ Gibt der spezifizierten Datei einen neuen Namen, wenn dieser noch nicht vergeben ist.		

Random Read	1.0	21h
➤ DS:DX = Zeiger auf File-Control-Block		
☒ AL = 1, 2, 3		
⚠ Die Datenblock- und Datensatzangaben im File-Control-Block (FCB) werden entsprechend der relativen Satznummer gesetzt. Die relative Satznummer wird jedoch nicht verändert.		
ⓘ Liest einen durch die Angabe der relativen Satznummer (0: erster Satz) im FCB spezifizierten Datensatz in den Disk-Transfer-Bereich (DTA).		

Random Write	1.0	22h
➤ DS:DX = Zeiger auf File-Control-Block		
☒ AL = 1, 2		
⚠ Die Datenblock- und Datensatzangaben im File-Control-Block (FCB) werden entsprechend der relativen Satznummer gesetzt. Die relative Satznummer wird jedoch nicht verändert.		
ⓘ Schreibt einen Datensatz aus dem Disk-Transfer-Bereich (DTA) in den durch die Angabe der relativen Satznummer (0: erster Satz) im FCB spezifizierten Datensatz.		

Get File Size	1.0	23h
➤ DS:DX = Zeiger auf File-Control-Block		
☒ AL = 0FFh		
⚠ Wenn die Datensatzlänge im FCB auf 1 Byte gesetzt ist, wird die Dateigröße in Bytes zurückgeliefert.		
ⓘ Liefert die Anzahl der Datensätze mit der angegeben Datensatzlänge zurück.		

Set Random Record Number	1.0	24h
➤ DS:DX = Zeiger auf File-Control-Block		
⚠ Durch diese Funktion kann von einem sequentiellen auf einen wahlfreien Dateizugriff und umgekehrt «umgeschaltet» werden.		
ⓘ Setzt die relative Satznummer innerhalb einer Datei entsprechend der Datensatzlänge und der Datenblock- und Datensatzangabe im File-Control-Block (FCB).		

Random Block Read	1.0	27h
➤ DS:DX = Zeiger auf File-Control-Block CX = Anzahl der zu lesenden Datensätze		
☒ AL = 1, 2, 3		
⚠ Nach dem Lesen wird auf den Datensatz positioniert.		

		💾			

Random Block Read	1.0	27h

ⓘ Liest einen oder mehrere Datensätze entsprechend der relativen Satznummer und der Satzlänge im FCB in den Disk-Transfer-Bereich (DTA).

Random Block Write	1.0	28h

➤ DS:DX = Zeiger auf File-Control-Block
  CX = Anzahl der zu schreibenden Datensätze

☑ CX = Anzahl der geschriebenen Datensätze

☒ AL = 1, 2

⚠ Nach dem Lesen wird auf den nächsten Datensatz positioniert.
Wenn CX gleich Null ist, wird nichts geschrieben; lediglich die Dateigröße wird auf den Wert relative Satznummer mal Satzlänge gebracht.

ⓘ Schreibt einen oder mehrere Datensätze entsprechend der relativen Satznummer und der Satzlänge im FCB aus dem Disk-Transfer-Bereich (DTA) in die Datei.

Parse File Name	1	29h

➤ AL = Flags zur Analysesteuerung
  DS:SI = Zeiger auf Zeichenkette
  ES:DI = Zeiger auf File-Control-Block

Flags zur Analysesteuerung	
Bit	
0	0: Führende Trennzeichen nicht ignorieren 1: Führende Trennzeichen ignorieren
1	0: Laufwerkskennung im FCB immer modifizieren (↪ 0 - Standard) 1: Laufwerkskennung nur bei Kennung in der Zeichenkette
2	0: Feld für Dateinamen im FCB immer modifizieren (↪ Leerzeichen) 1: Feld nur modifizieren, wenn Dateiname in Zeichenkette enthalten ist
3	0: Feld für Dateisuffix im FCB immer modifizieren (↪ Leerzeichen) 1: Feld nur modifizieren, wenn Suffix in Zeichenkette enthalten ist

☑ AL = 00h → Keine Platzhalter ('*', '?') in der Zeichenkette gefunden
         01h → Platzhalter in der Zeichenkette gefunden
  DS:SI = Zeiger auf des erste Zeichen hinter der untersuchten Zeichenkette
  ES:DI = Zeiger auf formatierten, ungeöffneten FCB

☒ AL = 0FFh → Ungültige Laufwerksangabe
  ES:DI = Zeigt auf ein Leerzeichen
  +1

Parse File Name	1	**29h**

⚠ Die Funktion erkennt als Trennzeichen
$$: . ; , = + \text{TAB LEERZEICHEN}$$
und zusätzlich als Terminierungszeichen
$$< > | / " [ ]$$
Der Platzhalter '*' wird durch (mehrere) '?' im FCB
ersetzt.
Pfadangaben werden nicht immer korrekt ausgewertet →
vermeiden.

ⓘ Untersucht eine Zeichenkette auf gültige Dateibezeich-
nungen und formatiert einen File-Control-Block.

2.6.2   Handles

Zugriffe auf Dateien oder Geräte sollten über Zugriffskanäle, die
sogenannten *Handles*[1]) erfolgen. Die Verwaltung der notwendigen
Kontrollpuffer übernimmt das Betriebssystem, so daß der Aufwand
fürden Programmierer minimiert wird. Zudem sind ab Version 3
Netzwerkzugriffe möglich.

Unter MS-DOS werden einige Standard-Zugriffkanäle zur Ver-
fügung gestellt, auf die direkt ohne ein Anlegen oder ein Öffnen
direkt zugegriffen werden kann.

Handle	Gerät	Bezeichnung	
0	Tastatur	Standard-Eingabe	STDIN
1	Bildschirm	Standard-Ausgabe	STDOUT
2	Bildschirm	Standard-Fehlerausgabe	STDERR
3	serielle Schnittstelle	Hilfsein-/ausgabe	STDAUX
4	Drucker	Standard-Drucker	STDPRN

Tabelle 1-4 Standard-Handles

Create File with Handle	2.0	**3Ch**

➤ CX   = Datei-Attribut
DS:DX = Zeiger auf Dateinamen (ASCIIZ)

☑ AX   = Handle

☒ AX   = 3, 4, 5

---

[1]) Ich benutze hier den englischsprachigen Ausdruck *Handle*, da er
sich in Fachliteratur für die Bezeichnung eines Zugriffskanals
eingebürgert hat. Ferner ist er wesentlich griffiger als der deutsche
Ausdruck 'Zugriffskanal'.

| **Create File with Handle** | 2.0 | 3Ch |

⚠ Falls die angegebene Datei bereits existiert, wird sieohne Warnung überschrieben (→ Funktion 5Bh).
Die Platzhalter '*' und '?' sind nicht erlaubt.

ⓘ Erzeugt eine neue Datei und weist ihr das nächste freie Handle zu.

| **Open File with Handle** | 2.0 | 3Dh |

➤ AL   = Zugriffsmodus
DS:DX = Zeiger auf Dateinamen mit Pfadangabe (ASCIIZ)

Zugriffsmodus		
Bit	Wert	Wirkung
0-2	000	Nur Lesen erlaubt
	001	Nur Schreiben erlaubt
	010	Lesen und Schreiben erlaubt
ab Version 3.0:		
3	0	reserviert
4-6	000	Kompatibilitätsmodus zu älteren MS-DOS-Versionen
	001	Andere Programme nicht auf die Datei zugreifen
	010	Andere Programm dürfen die Datei nicht zum Schreiben öffnen
	011	Andere Programm dürfen die Datei nicht zum Lesen öffnen
	100	Andere Programme dürfen die Datei zum Lesen und Schreiben öffnen
7	0	Wenn ein Programm mit der Funktion 4Bh Unterfunktion 00h gestartet wird, wird der Zugriffskanal auf eine Datei übernommen.
	1	Der Zugriffkanals wird nicht übernommen

☑ AX   = Handle

☒ AX   = 2, 3, 4, 5 oder 0Ch

⚠ Die angegebene Datei muß existieren.
Ab MS-DOS-Version 3 sind Netzwerkzugriffe erlaubt und werden über den Zugriffsmodus geregelt.

ⓘ Eröffnet eine existierende Datei.

| **Close File with Handle** | 2.0 | 3Eh |

➤ BX   = Handle

☒ AX   = 6

ⓘ Schließt den Zugriffskanal zu einer Datei bzw. zu einem Gerät.

Read File or Device	**2.0**	**3Fh**

➤ BX = Handle
CX = Anzahl zu lesender Bytes
DS:DX = Zeiger auf den Zielpuffer

☑ AX = Anzahl gelesener Bytes

☒ AX = 5, 6

⚠ Wenn nach der Ausführung AX den Inhalt Null hat,
wurde das Ende der Datei erreicht.

ⓘ Liest Daten aus einer Datei oder von einem Gerät.

Write File or Device	**2.0**	**40h**

➤ BX = Handle
CX = Anzahl zu schreibender Bytes
DS:DX = Zeiger auf den Quellpuffer

☑ AX = Anzahl geschriebener Bytes

☒ AX = 5, 6

⚠ Wenn nach der Ausführung AX den Inhalt Null hat, ist
das Laufwerk voll.

ⓘ Schreibt Daten in eine Datei oder auf ein Gerät.

Delete File	**2.0**	**41h**

➤ DS:DX = Zeiger auf Dateiname ggf. mit Pfadangabe
(ASCIIZ)

☒ AX = 2, 3, 5

⚠ Die Platzhalter '*' und '?' sind nicht erlaubt.
Auf Dateien mit den Attributen DIRECTORY,
VOLUME-ID oder READ-ONLY können mit dieser
Funktion nicht gelöscht werden. Die Attribute können
aber vorher mit Funktion 43h neu gesetzt werden.

ⓘ Löscht eine Datei durch Entfernen aus dem Inhaltsver-
zeichnis.

Move File Pointer	**2.0**	**42h**

➤ AL = Position relativ zu
0 → Dateianfang
1 → aktueller Dateiposition
2 → Dateiende
BX = Handle
CX = High-Word der Position
DX = Low-Word der Position

☑ AX = Low-Word der neuen Position
DX = High-Word der neuen Position

☒ AX = 1, 6

ⓘ Positioniert den Zeiger innerhalb einer Datei für die
nächste Schreib- oder Leseaktion.

Get File Attributes	2.0	43h 00h

> AL   = 00h
  CX   = Neues Attribut
  DS:DX   = Zeiger auf Pfadangabe

☑ CX   = Attribut

☒ AX   = 1, 2, 3, 5

ⓘ Liest das Dateiattribut einer Datei.

Set File Attribute	2.0	43h 01h

> AL   = 01h
  CX   = Neues Attribut
  DS:DX   = Zeiger auf Pfadangabe

☒ AX   = 1, 2, 3, 5

⚠ Die Attribute VOLUME-ID und DIRECTORY sind
  beim Setzen nicht erlaubt.

ⓘ Setzt das Dateiattribut einer Datei.

Duplicate File Handle	2.0	45h

> BX   = Zu kopierendes Handle

☑ AX   = neues Handle

☒ AX   = 4, 6

ⓘ Eröffnet einen zweiten Zugriffsweg auf eine Datei oder
  ein Gerät unter Beibehaltung der aktuellen Position.
  Kann zur Aktualisierung eines Verzeichniseintrags ver-
  endet werden.

Force Duplicate File Handle	2.0	46h

> BX   = Handle
  CX   = Umzuleitendes Handle

☑ CX   = Duplizierter Zugriffskanal

☒ AX   = 4, 6

⚠ Zeigt das Handle in CX bereits auf eine geöffnete Datei,
  wird diese zunächst geschlossen.

ⓘ Setzt den umzuleitenden Zugriffskanal auf eine bereits
  geöffnete Datei oder ein Gerät.

Rename File	2.0	56h

> DS:DX   = Zeiger auf alte Pfadangabe (ASCIIZ)
  ES:DI   = Zeiger auf neue Pfadangabe (ASCIIZ)

☒ AX   = 2, 3, 5, 11h

⚠ Die Funktion arbeitet nur auf einem Laufwerk. Die
  Quelldatei und alle angegebenen Unterverzeichnisse
  müssen vorhanden sein.
  Die Platzhalter '*' und '?' sind nicht erlaubt.

ⓘ Benennt eine Datei um, wobei auch ein Verlagern der
  Datei in ein anderes Verzeichnis möglich ist. Entspricht
  dem DOS-Befehl RENAME.

		🖫	🖴		

Get File Date and Time	2.0	57h 00h

➤ AL = 00h
  BX = Handle

☞ CX = Zeit

Bits	Inhalt
0-4	Sekunden geteilt durch 2
5-10	Minuten (0-59)
11-15	Stunden (0-24)

DX = Datum

Bits	Inhalt
0-4	Tag (1-31)
5-8	Monat (1-12)
9-15	Anzahl der Jahre seit 1980

✗ AX = 4, 6

⚠ Der Zugriffskanal auf die Datei muß mit der Funktion 3Ch, 3Dh, 5Ah oder 5BH geöffnet worden sein.

⚠ Ist das Bit 16 eines Datumseintrags auf Null gesetzt, werden die Zeitangaben in einer Verzeichnisausgabe nicht mehr angezeigt.

ⓘ Setzt das Datum und die Uhrzeit einer Datei.

Set File Date and Time	2.0	57h 01h

➤ AL = 01h
  BX = Handle
  CX = Zeit
  DX = Datum

✗ AX = 4, 6

⚠ Der Zugriffskanal auf die Datei muß mit der Funktion 3Ch, 3Dh, 5Ah oder 5BH geöffnet worden sein.

⚠ Wird das Bit 16 eines Datumseintrags auf Null gesetzt, werden die Zeitangaben in einer Verzeichnisausgabe nicht mehr angezeigt.

ⓘ Setzt das Datum und die Uhrzeit einer Datei (Format der Zeitangaben → Funktion 57h Unterfunktion 00h).

Create Temporary File	3.0	5Ah

➤ CX = Datei-Attribut
  DS:DX = Zeiger auf Pfadangabe (ASCIIZ)

☞ AX = Handle

✗ AX = 3, 4, 5

⚠ Im Anschluß an die Pfadangabe müssen 13 Byte freigehalten werden. MS-DOS trägt hier den erzeugten Dateinamen ein.

ⓘ Diese Funktion eignet sich besonderes, um temporäre Arbeitsdateien anzulegen. MS-DOS erzeugt einen Dateinamen aus Datum und Uhrzeit. Hierdurch wird vermieden, daß ein Dateiname mehrmals auftritt.

Create New File	3.0	5Bh

> CX   = Datei-Attribut
  DS:DX = Zeigt auf den Anfang der Pfadangabe

☑ AX   = Handle

☒ AX   = 3, 4, 5 oder 50h

⚠ Falls die Datei bereits existiert, wird der Fehler 50h
  erzeugt (→ Funktion 3Ch).

ⓘ Erzeugt eine neue Datei.

Set Maximum Handle Count	3.3	67h

> BX   = Anzahl der Dateinummern

☒ AX   = 6

⚠ Werden mehr Kanäle angefordert, als Speicherplatz für
  die Verwaltung zur Verfügung steht, wird ein Fehler
  generiert.
  Sollten mehr Dateinummern gewünscht werden, als in der
  CONFIG.SYS-Datei mit dem Eintrag FILES zugelassen
  sind, werden **nicht** mehr Kanäle freigegeben, und es wird
  kein Fehler gemeldet.

ⓘ Mit dieser Funktion wird die Anzahl der gleichzeitig
  geöffneten Zugriffskanäle festgelegt.

Commit File	3.3	68h

> BX   = Handle

☒ AX   = 6

⚠ Diese Funktion sollte zur zwischenzeitlichen Datensiche-
  rung aufgerufen werden.

ⓘ Schreibt den internen DOS-Puffer in die Datei, schließt
  diese aber nicht. Sollte eine Datei geändert worden sein,
  werden die Zeiteinträge im Verzeichnis aktualisiert.

Extended Open/Create		4.0		6Ch

➤ BX = Zugriffsmodus
  CX = Datei-Attribut
  DX = Aktionsmodus

Zugriffsmodus		
Bit	Wert	Wirkung
0-2	000	Nur Lesen erlaubt
	001	Nur Schreiben erlaubt
	010	Lesen und Schreiben erlaubt
3	0	reserviert
4-6	000	Kompatibilitätsmodus zu älteren MS-DOS-Versionen
	001	Andere Programme nicht auf die Datei zugreifen
	010	Andere Programm dürfen die Datei nicht zum Schreiben öffnen
	011	Andere Programm dürfen die Datei nicht zum Lesen öffnen
	100	Andere Programme dürfen die Datei zum Lesen und Schreiben öffnen
7	0	Wenn ein Programm mit der Funktion 4Bh Unterfunktion 00h gestartet wird, wird der Zugriffskanal auf eine Datei übernommen.
	1	Der Zugriffkanals wird nicht übernommen
8-12	0	reserviert
13		Reaktion im Fehlerfall
	0	Interrupt 24h ausführen
	1	Fehlercode in AX zurückgeben
14	0	Schreibaktionen werden über einen Puffer durchgeführt
	1	Direktes Schreiben zum Zeitpunkt des Dateizugriffs
15	0	reserviert

Aktionsmodus	
Wert	Wirkung
0001h	Neue Datei anlegen, wenn diese noch nicht existiert.
0010h	Datei öffnen
0020h	Neue Datei anlegen, auch wenn diese bereits existiert.

☑ AX = Handle

☒ AX = 3, 4, 5

⚠ Diese Funktion kombiniert die Möglichkeiten der Funktionen 3Ch, 3Dh und 68h.

ⓘ Legt eine neue Datei an bzw. öffnet eine existierende Datei.

2.7   Datei-Zugriff

Mit den folgenden Funktionen kann der Zugriff auf Dateien in
einem Netzwerk geregelt werden.

IOCTL Set Sharing Retry Count	3.0	44h 0Bh

➤   AL   =   0Bh
      CX   =   Verzögerung je Wiederholung (Standard: 1)
      DX = Anzahl der Wiederholungen (Standard: 3)		

☒ AX = 1		
⚠ Die Wiederholungszeit hängt von der Rechnergeschwindigkeit ab.		
ⓘ Setzt die Anzahl der Wiederholungen und die Wartezeit zwischen den Wiederholungen bei Datei- bzw. Gerätezugriffen im Netzwerk (SHARE.EXE muß geladen sein).		

Lock/Unlock Part of File	3.1	5Ch

➤   AL   =   00h   → sperren
                01h   → freigeben
      BX   =   Handle
      CX   =   High Word der Relativadresse bezogen auf den Dateianfang
      DX   =   Low Word der Relativadresse bezogen auf den Dateianfang
      SI   =   High Word der Länge
      DI = Low Word der Länge		

☒ AX = 1, 6, 21h, 24h		
⚠ Die Funktion ist nur einsetzbar, wenn vorher SHARE.EXE geladen wurde.		
ⓘ Sperrt den Bereich einer Datei, die mit einer Handle-Funktion angelegt bzw. geöffnet wurde, unter Angabe des Anfangs und der Länge dieses Bereichs.		

2.8   System-Verwaltung

Set Interrupt Vector	1.0	25h
➤ AL = Nummer des zu setzenden Interrupts DS:DX = Zieladresse für neuen Interrupt-Einsprung		
⚠ Ein gesetzter Interrupt-Vektor sollte unbedingt vor Programmende auf den ursprünglichen Wert zurückgesetzt werden.		
ⓘ Setzt einen Interrupt-Vektor auf eine neue Adresse.		

Get Date	1.0	2Ah

☑ AL   = Wochentag (ab Vers. 1.1) (0 = Sonntag, ...)
    DL   = Tag (1 ... 31)
    DH   = Monat (1 ... 12)
    CX   = Jahr (1980 ... 2099)

ⓘ Gibt das aktuelle Systemdatum zurück. Diese Angabe wird nicht aus der CMOS-Uhr ausgelesen.

Set Date	1.0	2Bh

➤ DL   = Tag (1 ... 31)
    DH   = Monat (1 ... 12)
    CX   = Jahr (1980 ... 2099)

☒ AL   = 0FFh

ⓘ Setzt das Systemdatum. Das Datum in der CMOS-Uhr wird nicht verändert.

Get Time	1.0	2Ch

☑ CH   = Stunden (0 ... 24)
    CL   = Minuten (0 ... 59)
    DH   = Sekunden (0 ... 59)
    DL   = hunderstel Sekunden (0 ... 99)

ⓘ Gibt die aktuelle Systemzeit zurück. Die Zeit wird nicht aus der CMOS-Uhr ausgelesen.

Set Time	1.0	2Dh

➤ CH   = Stunden (0 ... 24)
    CL   = Minuten (0 ... 59)
    DH   = Sekunden (0 ... 59)
    DL   = hunderstel Sekunden (0 ... 99)

☒ AL   = 0FFh

ⓘ Setzt die aktuelle Systemzeit. Die Zeit in der CMOS-Uhr wird nicht verändert.

Set/Reset Verify Flag	1.0	2Eh

➤ AL   = 00   Zurücksetzen des Flags
           01   Setzen des Flags
    DL   = 00   ← Nur Version 1 und 2

ⓘ Wenn das Verify Flag gesetzt ist, folgt jeder Schreiboperation eine Leseaktion zur Überprüfung. Entspricht dem DOS-Befehl VERIFY ON bzw. VERIFY OFF.

Get Version Number	2.0	30h

☑ AH   = Hauptversion (Beispiel: 5.0 → AH = 5)
    AL   = Unterversion (Beispiel: 5.0 → AL = 0)
    BH   = OEM-Nummer oder Versionsflag
    BL:CX = Seriennummer (24 Bit)

⚠ Bei Version 1.x sollte der Aufruf mit AL = 00h erfolgen. Dieser Wert wird unverändert zurückgegeben.

ⓘ Ermittelt die aktuelle Betriebssystemversion.

<table>
<tr><td></td><td></td><td></td><td></td><td></td><td></td></tr>
</table>

Get CTRL+CCheck Flag	2.0	33h 00h

> **AL**   = 00h

☑ **DL**   = 00h   → ausgeschaltet
         01h   → eingeschaltet

⚠ Ist das Flag gesetzt, verzweigt das Programm bei einer Control-C-Eingabe zum Interrupt 23h. Ansonsten können nur Zeichen-Ein-/Ausgaben unterbrochen werden.

ⓘ Abfragen des Control-C-Flags.

Set CTRL+CCheck Flag	2.0	33h 01h

> **AL**   = 01h
  DL   = 00h   → Ausschalten
         01h   → Einschalten

☑ **DL**   = 00h   → ausgeschaltet
         01h   → eingeschaltet

⚠ Ist das Flag gesetzt, verzweigt das Programm bei einer Control-C-Eingabe zum Interrupt 23h. Ansonsten können nur Zeichen-Ein-/Ausgaben unterbrochen werden.

ⓘ Verändern des Control-C-Flags.

Get MS-DOS Version	5.0	33h 06h

> **AL**   = 06h

☑ **BL**   = Hauptversion (Beispiel: 5.0 → BH = 5)
  BH   = Unterversion (Beispiel: 5.0 → BL = 0)
  DL   = Bits 0-2 geben die Revisionsnummer an
  DH   = 08h   → MS-DOS läuft im ROM
                   bzw. RAM
         10h   → MS-DOS läuft im
                   Erweiterungsspeicher

⚠ Diese Funktion gibt die Original-Versionsnummer zurück und nicht diejenige, welche mit dem DOS-Befehl SETVER gesetzt wurde.

ⓘ Liefert die Version- und die Revisionsnummer von MS-DOS und eine Aussage über den von MS-DOS benutzten Speicherbereich zurück.

Get Interrupt Vector	2.0	35h

> **AL**   = Nummer des abzufragenden Interrupts

☑ **ES:BX** = aktuelle Einsprungadresse des Interrupts

ⓘ Mit dieser Funktion kann die Original-Adresse einer Interrupt-Routine ermittelt werden.

Get Verify State	2.0	54h

☑ **AL**   = 00   → Verifizierung ausgeschaltet
         01   → Verifizierung eingeschaltet

ⓘ Gibt den Wert des Verifizierungsflags zurück. Entspricht dem DOS-Befehl VERIFY ohne Parameter.

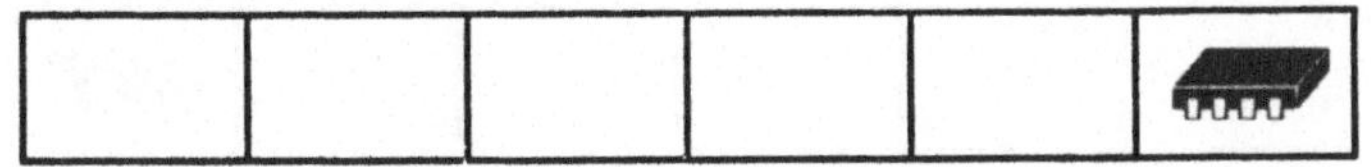

2.9   Speicher-Verwaltung

Mit verschiedenen Funktionen kann ein Programm freien Speicherplatz anfordern. Dieser Speicherbereich muß auf jeden Fall vom Programm selber wieder freigegeben werden, da er sonst für das Betriebssystem nicht mehr verfügbar ist. Ab der Version 5.0 ist es auch möglich, Speicher im Erweiterungsspeicher anzufordern.

Allocate Memory	2.0	48h

➤	BX	= Blockgröße in Paragraphen
☑	AX	= Segmentanfang des Block
☒	AX	= 7
		8 → BX = maximal verfügbare Blockgröße in Paragraphen
⚠	Durch den Aufruf mit BX = 0FFFFh kann die maximal zur Verfügung stehende Speichergröße festgestellt werden. Der vom Programm angeforderte Speicher muß vom ihm auch wieder freigegeben werden (→ Funktion 49h).	
①	Diese Funktion fordert Speicherplatz in einem 16-Byte-Raster (Paragraph) an.	

Free Allocated Memory	2.0	49h

➤	ES	= Segment des freizugebenden Blocks
☒	AX	= 7, 9
①	Gibt den mit Funktion 48h reservierten Speicher wieder frei.	

Set Memory Block Size	2.0	4Ah

➤	BX	= Neue Blockröße in Paragraphen
☒	AX	= 7, 9
		8 → BX = maximal verfügbare Blockgröße in Paragraphen
①	Ändert die Größe des mit Funktion 48h reservierten Speicherbereiches.	

Get Allocation Strategy	3.0 / 5.0	58h / 00h

➤	AL	= 00h
☑	AX	= Strategie der Speicherreservierung

Strategie		
Wert	Methode	
0000h	First-Fit:	Freien Speicherblock ab der niedrigsten Adresse suchen. (Standard)
0001h	Best-Fit:	Freien Speicherblock suchen, der am besten zum geforderten Speicherbedarf paßt.

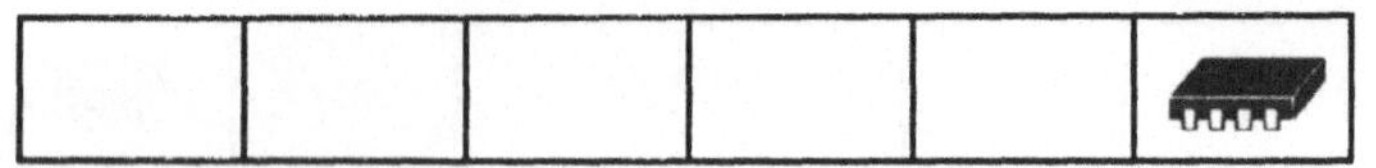

Get Allocation Strategy			3.0 5.0	58h 00h
☑	0002h	Last-Fit:	Freien Speicherblock ab der höchsten Adresse suchen.	
	ab Version 5.0:			
	0080h	First-Fit:	Freien Speicherblock ab der niedrigsten Adresse im Erweiterungsspeicher suchen. Falls Suche erfolglos: Suchen im konventionellen Speicherbereich.	
	0081h	Best-Fit:	Freien Speicherblock im Erweiterungsspeicher suchen. der am besten paßt. Falls Suche erfolglos: Suchen im konventionellen Speicherbereich	
	0082h	Last-Fit:	Freien Speicherblock ab der höchsten Adresse im Erweiterungsspeicher suchen. Falls Suche erfolglos: Suchen im konventionellen Speicherbereich.	
	0040h	First-Fit:	Freien Speicherblock ab der niedrigsten Adresse nur im Erweiterungsspeicher suchen.	
	0041h	Best-Fit:	Freien Speicherblock nur im Erweiterungsspeicher suchen. der am besten paßt.	
	0042h	Last-Fit:	Freien Speicherblock ab der höchsten Adresse nur im Erweiterungsspeicher suchen.	
ⓘ	Liefert die Methode, nach der MS-DOS den Arbeitsspeicher verwaltet.			

Set Allocation Strategy		3.0 5.0	58h 01h
➤	AL = 01h BX = Strategie der Speicherreservierung (→ Get Allocation Strategy)		
☒	AX = 1		
ⓘ	Setzt die Methode, nach der MS-DOS den Arbeitsspeicher verwaltet.		

Get Upper-Memory Link		5.0	58h 02h
➤	AL = 02h		
☑	AL = 00h → keine Verbindung 01h → Verbindung vorhanden		
ⓘ	Feststellen, ob auf Speicher im Erweiterungsspeicher zugegriffen werden kann.		

Set Upper-Memory Link	**5.0**	**58h** **03h**

➤	AL	= 02h	
	BX	= 00h	→ keine Verbindung
		01h	→ Verbindung herstellen

☒ AX = 1, 7

ⓘ Festlegen, ob auf Speicher im Erweiterungsspeicher zu- gegriffen werden kann.

2.10   Programm-Verwaltung

Terminate Program	**1.0**	**00h**

⚠	Alle Dateipuffer werden gelöscht und die Dateien ge- schlossen. Daher sollten diese vorher auf das Laufwerk geschrieben werden. Läuft das Programm in einem Netzwerk, sollten vorher alle Dateisperren entfernt werden (ab Version 3).

ⓘ	Beendet das Programm und gibt den belegten Speicher wieder frei.

Create New **Program Segment Prefix**	**1.0**	**26h**

➤	DX	= Segmentadresse für neues Programm- Segment-Präfix

⚠ Besser ist die Funktion 4Bh des Interrupt 21h.

ⓘ	Kopiert den aktuellen PSP in den angegebenen Bereich. Hierdurch ist es für ein weiteres Programm verwendbar.

Keep Programm	**2.0**	**31h**

➤	AL	= Returncode
	DX	= Größe des zu reservierenden Speichers in Paragraphen (16-Byte-Blöcke)

⚠	Alle Dateipuffer werden gelöscht und die Dateien ge- schlossen → Datenverlust! Wenn das Programm in einem Netzwerk läuft (ab Ver- sion 3), sollten zuvor alle Dateisperren entfernt werden. Diese Funktion ist dem Interrupt 27h vorzuziehen.

ⓘ	Beendet die Ausführung eines Programms, beläßt dieses aber resident im Arbeitsspeicher. Außerdem kann dem aufrufenden Programm ein Returncode (ERRORLEVEL) übergeben werden.

Get InDOS Flag Address	**2.0**	**34h**

☑ ES:BX = Zeiger auf InDOS-Flag

⚠	Solange eine Interrupt-21h-Funktion abgearbeitet wird, ist dieses Flag ungleich Null.

ⓘ Gibt die Adresse des InDOS-Flags zurück.

Load and Execute Program	2.0	**4Bh** **00h**

➤ AL   = 00h
  DS:DX = Zeiger auf Programmname (ASCIIZ)
  ES:BX = Zeiger auf LOADEXEC-Struktur

```
LOADEXEC STRUC
  leEnvironemnt dw ? ; environment-block segment
  leCommandTail dd ? ; address of command tail
  leFCB_1       dd ? ; address of default FCB #1
  leFCB_2       dd ? ; address of default FCB #2
LOADEXEC ENDS
```

☒ AX   = 1, 2, 3, 4, 5, 8, 0Ah, 0Bh

⚠ Das Programm muß vom Typ COM oder EXE sein.

ⓘ Lädt ein Programm in den Arbeitsspeicher, kreiert ein
  neues Programm-Segment-Präfix und führt das Programm
  aus.

Load Program	2.0	**4Bh** **01h**

➤ AL   = 01h
  DS:DX = Zeiger auf Programmname (ASCIIZ)
  ES:BX = Zeiger auf LOAD-Struktur

```
LOAD STRUC
  ldEnvironemnt dw ? ; environment-block segment
  ldCommandTail dd ? ; address of command tail
  ldFCB_1       dd ? ; address of default FCB #1
  ldFCB_2       dd ? ; address of default FCB #2
  ldCSIP        dd ? ; starting code address
  ldSSSP        dd ? ; starting stack address
LOAD ENDS
```

☒ AX   = 1, 2, 3, 4, 5, 8, 0Ah, 0Bh

⚠ Das Programm muß vom Typ COM oder EXE sein.

ⓘ Lädt ein Programm in den Arbeitsspeicher und kreiert ein
  neues Programm-Segment-Präfix. Das Programm wird
  jedoch nicht ausgeführt.

Load Overlay	2.0	**4Bh** **03h**

➤ AL   = 03h
  DS:DX = Zeiger auf Programmname (ASCIIZ)
  ES:BX = Zeiger auf LOADOVERLAY-Struktur

```
LOADOVERLAY STRUC
  loStartSegment    dw ? ; segment address of
                         ; overlay's memory
  loRelocationsFactor dd ?   ; relocation factor
LOADOVERLAY ENDS
```

☒ AX   = 1, 2, 3, 4, 5, 8, 0Ah

ⓘ Lädt ein Programm als Overlay in den Arbeitsspeicher,
  der bereits durch das Programm belegt wurde.

Set Execution State	5.0	4Bh 05h

➤ AL = 05h
DS:DX = Zeiger auf EXECSTATE-Struktur

```
EXECSTATE STRUC
  esReserved     dw ? ; reserved
  esFlags        dw ? ; type flags
  esProgName     dd ? ; points to ASCIIZ string of
                      ; program name
  esPSP          dw ? ; PSP segment of new program
  esStartAddr    dd ? ; starting cs:ip of new
                      ; program
  esProgSize     dd ? ; program size, including PSP
EXECSTATE ENDS
```

⚠ Das neue Programm sollte so bald wie möglich aufgerufen werden.

ⓘ Die Funktion bereitet das Laden eines neuen Programms durch die Funktion 4Bh Unterfunktion 00h vor.

End Program	2.0	4Ch

➤ AL = Returncode

⚠ Alle Dateipuffer werden gelöscht und die Dateien geschlossen → Datenverlust!

ⓘ Beendet das Programm und gibt den belegten Speicher wieder frei. Außerdem kann dem aufrufenden Programm ein Returncode übergeben werden.

Get Child-Program Return Value	2.0	4Dh

☑ AL = Returncode
AH = Grund der Programmbeendigung:
    0 → normales Ende
    1 → Abbruch durch Control-C
    2 → schwerer Fehler
    3 → durch Funktion 31h

⚠ Die Rückgabewerte können nur einmal abgefragt werden.

ⓘ Gibt den von der Funktion 31h oder 4Ch des Interrupt 21h gesetzten Returncode und den Grund der Programmbeendigung zurück.

Set Program Segment Prefix Address	2.0	50h

➤ BX = Segmentadresse des neuen Programm-Segment-Präfix

ⓘ Setzt die Segmentadresse des Programm-Segment-Präfix für das laufende Programm neu.

Get Program Segment Prefix Address	2.0	51h

☑ BX = Segmentadresse des aktuellen Programm-Segment-Präfix

⚠ Diese Funktion ist identisch mit der Funktion 62h.

ⓘ Liefert die Segmentadresse des aktuell gültigen Programm-Segment-Präfix

---

Get Extended Error | 3.0 | 59h

➤ BX = 00h

☑ AX = Erweiterter Fehlercode
BH = Fehlerklasse
BL = empfohlene Aktion
CH = Fehlerort

⚠ Alle Register außer CS, IP, SS und SP werden zerstört, daher sollten diese Register vor Aufruf der Funktion gesichert werden.

ⓘ Gibt detailierte Informationen über die Fehlerursache nacht einem Interrupt-21h-Aufruf und schlägt Reaktionen vor.
Eine detailierte Beschreibung der möglichen Funktionsergebnisse finden Sie im Kapitel *MS-DOS-Fehlercodes*.

Set Extended Error | 4.0 | 5Dh
0Ah

➤ AL = 0Ah
DS:SI = Zeiger auf ERROR-Struktur

```
ERROR STRUC
    errAX          dw ? ; ax register
    errBX          dw ? ; bx register
    errCX          dw ? ; cx register
    errDX          dw ? ; dx register
    errSI          dw ? ; si register
    errDI          dw ? ; di register
    errDS          dw ? ; ds register
    errES          dw ? ; es register
    errReserved    dw ? ; reserved
    errUID         dw ? ; computer ID
                       ; (0 = local computer)
    errPID         dw ? ; program ID
                       ; (0 = local program)
ERROR ENDS
```

ⓘ Setzt alle notwendigen Informationen für den nächsten Aufruf der Funktion 59h.

2.11   Ein-/Ausgabe-Kontrolle

IOCTL
Get Device Data | 2.0 | 44h
00h

➤ AL = 00h
BX = Handle

☑ DX = Geräteinformationswort

... über eine Datei:

Bit	Inhalt
0-5	Laufwerksnummer (0 = A, 1 = B, ...)
6	0 → Datei wurde beschrieben 1 → Datei wurde nicht beschrieben
7	0 → Datei 1 → Gerät
8-15	reserviert

				↔▱	

IOCTL	2.0	44h
Get Device Data		**00h**

☑ ... über ein Gerät:

Bit	Inhalt	
0	1	→ Standardeingabe
1	1	→ Standardausgabe
2	1	→ NULL-Gerät
3	1	→ Uhrengerät
4	1	→ Spezialgerät
5	0	→ Datei im ASCII-Modus, d.h MS-DOS reagiert auf Control-C, Control-S, Control-P, Control-Z und Carriage-Return besonders
	1	→ Datei im Binär-Modus, d.h. MS-DOS behandelt alle Zeichen als Daten
6	0	→ Dateiende bei Eingabe erreicht
7	0	→ Datei
	1	→ Gerät
8-13	reserviert	
14	0	→ IOCTL-Funktionen für Kontrolldaten werden nicht unterstützt
	1	→ IOCTL-Funktionen für Kontrolldaten werden unterstützt
15	reserviert	

☒ AX = 1, 5, 6

ⓘ Liefert Informationen über eine Datei bzw. ein Gerät, zu dem das Handle gehört.

				↔🖨	

IOCTL	2.0	44h
Set Device Data		**01h**

➤ AL   = 01h
 BX   = Handle
 DX   = Information

... über ein Gerät:

Bit	Inhalt	
0	1	→ Standardeingabe
1	1	→ Standardausgabe
2	1	→ NULL-Gerät
3	1	→ Uhrengerät
4	0	→ reserviert
5	0	→ Gerät im ASCII-Modus, d.h MS-DOS reagiert auf Control-C, Control-S, Control-P, Control-Z und Carriage-Return besonders
	1	→ Gerät im Binär-Modus, d.h. MS-DOS behandelt alle Zeichen als Daten
6	0	→ reserviert
7	0	→ Datei
	1	→ Gerät
8-15	0	→ reserviert

☒ AX   = 1, 5, 6, 0Dh

ⓘ Setzt einzelne Bits im Informationswort eines Gerätes, zu dem das Handle gehört.

IOCTL	2.0	44h
Receive Control Data from		**02h**
Character Device		

➤ AL   = 02h
 BX   = Handle
 CX   = Anzahl zu lesender Zeichen
 DS:DX = Zeiger auf Empfangspuffer

☑ AX   = Anzahl gelesener Zeichen

☒ AX   = 1, 5, 6, 0Dh

⚠ Wenn das Bit 14 im Geräteinformationswort aus Funktion 44h-00h gesetzt ist, kann direkt ohne Treiber auf die Kontrolldaten zugegriffen werden.
Mit dieser Funktion können harwarespezifische Informationen abfragt werden, wenn der Gerätetreiber dieses unterstützt.

ⓘ Kontrolldaten von einem zeichenorientierten Gerät lesen.

IOCTL **Send Control Data** **to Character Device**	2.0	**44h** **03h**

> AL   = 03h
> BL   = Handle
> CX   = Anzahl zu schreibender Daten
> DS:DX = Zeiger auf Quellpuffer

☑ AX   = Anzahl geschriebener Daten

☒ AX   = 1, 5, 6, 0Dh

⚠ Wenn das Bit 14 im Geräteinformationswort aus Funktion 44h-00h gesetzt ist, kann direkt ohne Treiber auf die Kontrolldaten zugegriffen werden.
Mit dieser Funktion können harwarespezifische Informationen gesetzt werden, wenn der Gerätetreiber dieses unterstützt.

ⓘ Kontrolldaten für ein zeichenorientiertes Gerät setzen.

IOCTL **Receive Control Data from** **Block Device**	2.0	**44h** **04h**

> AL   = 04h
> BL   = Laufwerk (0 = aktuell, 1 = A, 2 = B, ...)
> CX   = Anzahl zu lesender Zeichen
> DS:DX = Zeiger auf Empfangspuffer

☑ AX   = Anzahl gelesener Zeichen

☒ AX   = 1, 5, 6, 0Dh

⚠ Mit dieser Funktion können harwarespezifische Informationen abfragt werden, wenn der Gerätetreiber dieses unterstützt.

ⓘ Kontrolldaten von einem blockorientierten Gerät lesen.

IOCTL **Send Control Data to Block** **Device**	2.0	**44h** **05h**

> AL   = 05h
> BL   = Laufwerk (0 = aktuell, 1 = A, 2 = B, ...)
> CX   = Anzahl zu schreibender Daten
> DS:DX = Zeiger auf Quellpuffer

☑ AX   = Anzahl geschriebener Daten

☒ AX   = 1, 5, 6, 0Dh

⚠ Mit dieser Funktion können harwarespezifische Informationen gesetzt werden, wenn der Gerätetreiber dieses unterstützt.

ⓘ Kontrolldaten für ein blockorientiertes Gerät setzen.

				↔⊟

IOCTL **Check Device Input Status**	2.0	**44h** **06h**

➤ AL   = 06h
  BX   = Handle

☑ AL   = 00h   → Gerät: Nicht bereit
                       → Datei: Dateiende erreicht
   0FFh   → Gerät: Bereit
                       → Datei: Dateiende nicht
                       erreicht

☒ AX   = 1, 5, 6

⚠ Diese Funktion kann z.B. zur Status-Überprüfung der
  seriellen oder der parallen Schnittstelle benutzt werden,
  für die es keine sonstige MS-DOS-Unterstützung gibt.

ⓘ Liefert Information über die Eingabebereitschaft eines
  Gerätes oder einer Datei.

IOCTL **Check Device Output Status**	2.0	**44h** **07h**

➤ AL   = 07h
  BX   = Handle

☑ AL   = 00h   → Gerät: Nicht bereit
   0FFh   → Gerät: Bereit

☒ AX   = 1, 5, 6

⚠ Diese Funktion kann z.B. zur Status-Überprüfung der
  seriellen oder der parallen Schnittstelle benutzt werden,
  für die es keine sonstige MS-DOS-Unterstützung gibt.
  Eine Datei ist «immer bereit», auch wenn die Diskette
  voll oder nicht eingelegt ist.

ⓘ Liefert Information über die Ausgabebereitschaft eines
  Gerätes oder einer Datei.

IOCTL **Does Device Use Removable** **Media**	3.0	**44h** **08h**

➤ AL   = 08h
  BL   = Laufwerk (0 = aktuell, 1 = A, 2 = B, ...)

☑ AL   = 00h   → Speichermedium ist aus-
                       tauschbar
   01h   → Speichermedium ist nicht
                       austauschbar

☒ AX   = 1, 0Fh

⚠ Wenn es einen Fehler bei der Dateibehandlung gibt, kann
  mit dieser Funktion beispielsweise auf ein notwendiges
  Wechseln der Diskette geprüft werden.

ⓘ Prüft, ob ein Laufwerk einen wechselbaren Datenträger
  besitzt.

				↔🖨	

IOCTL	3.1		44h
Is Drive Remote			**09h**

➤ AL = 09h
BL = Laufwerk (0 = aktuell, 1 = A, 2 = B, ...)

☑ DX = Bit 12: 0 → lokal
1 → rechnerfern

Für lokale Laufwerke:

Bit	Inhalt
1	1 → 32-Bit-Sektoradressierung
6	1 → Akzeptiert die Unterfunktion 0Dh, 0Eh und 0Fh von Funktion 44h
7	1 → Akzeptiert Unterfunktion 11h von Funktion 44h
9	1 → Laufwerk ist lokal, andere Rechner im Netzwerk können jedoch zugreifen
11	1 → Akzeptiert Unterfunktion 08h von Funktion 44h
13	1 → Benötigt Mediendeskriptor in FAT
14	1 → Akzeptiert die Unterfunktion 04h und 05h von Funktion 44h
15	1 → Substitutionslaufwerk (z.B. durch SUBST)
Alle übrigen Bits haben den Wert Null.	

☒ AX = 1, 0Fh

ⓘ Prüft, ob ein Laufwerk lokal oder über ein Netzwerk erreichbar ist.

IOCTL	3.1		44h
Is File or Device Remote			**0Ah**

➤ AL = 0Ah
BX = Handle

☑ DX = Bit 7: 0 → Datei
1 → Gerät
Bit 15: 0 → lokal
1 → rechnerfern

Für lokale Dateien:

Bit	Inhalt
0-5	Laufwerknummer (0 = aktuell, 1 = A, ...)
6	1 → Datei wurde nicht beschrieben
12	1 → Nicht vererbt
14	1 → Datum/Zeit werden beim Schließen nicht gesetzt

				↔🖨	

IOCTL	3.1	44h
Is File or Device Remote		**0Ah**

☑ Für lokale Geräte:

0	1	→ Standardeingabe
1	1	→ Standardausgabe
2	1	→ NULL-Gerät
3	1	→ Uhrengerät
4	1	→ Spezialgerät
5	0	→ Datei im ASCII-Modus, d.h. MS-DOS reagiert auf Control-C, Control-S, Control-P, Control-Z und Carriage-Return besonders
	1	→ Datei im Binär-Modus, d.h. MS-DOS behandelt alle Zeichen als Daten
6	0	→ EOF wird bei Eingabe zurückgegeben
11	1	→ Netzwerk-Drucker
12	1	→ Nicht vererbt
13	1	→ Named pipe

Alle übrigen Bits haben den Wert Null.

☒ AX = 1, 6

ⓘ Prüft, ob eine Datei oder ein Gerät lokal oder über ein Netzwerk erreichbar ist.

IOCTL	3.0	44h
Set Sharing Retry Count		**0Bh**

➤ AL = 0Bh
  CX = Verzögerung je Wiederholung (Standard: 1)
  DX = Anzahl der Wiederholungen (Standard: 3)

☒ AX = 1

⚠ Die Wiederholungszeit hängt von der Rechnergeschwindigkeit ab.

ⓘ Setzt die Anzahl der Wiederholungen und die Wartezeit zwischen den Wiederholungen bei Datei- bzw. Gerätezugriffen im Netzwerk (SHARE.EXE muß geladen sein).

IOCTL	3.2	44h
Get Logical Drive Map		**0Eh**

➤ AL = 0Eh
  BL = Laufwerk (0 = aktuell, 1 = A, 2 = B, ...)

☑ AL = 00h → Nur ein logisches Laufwerk zugeordnet
     01h-1Ah → Code für logisches Laufwerk (1 = A, 2 = B, ...)

☒ AX = 1, 5, 0Fh

⚠ Solange keine Zuordnung mit Funktion 44h-0Fh erfolgte, sind logisches und physikalisches Laufwerk gleich.

				↔▱	

IOCTL	**3.2**	**44h**
Get Logical Drive Map		**0Eh**
(i) Gibt den logischen Laufwerkcode für ein blockorientiertes Gerät zurück.		

IOCTL	**3.2**	**44h**
Set Logical Drive Map		**0Fh**

➤	AL	= 0Fh	
	BL	= Laufwerk (0 = aktuell, 1 = A, 2 = B, ...)	
☑	AL	= 00h	→ Nur ein logisches Laufwerk zugeordnet
		01h-1Ah	→ Code für korrespondierendes physikalisches Laufwerk (1 = A, 2 = B, ...)
☒	AX	= 1, 5, 0Fh	

(i) Legt den logischen Laufwerkcode für den nächsten Zugriff auf ein blockorientiertes Gerät fest, wenn für dieses mehr als ein Laufwerkscode erlaubt ist.

IOCTL	**5.0**	**44h**
Query IOCTL Handle		**10h**

➤	AL	= 10h	
	BX	= Handle	
	CH	= Kategorie:	
		01	→ serielle Schnittstelle
		03	→ Standardausgabe
		05	→ parallele Schnittstelle
	CL	= Funktion:	
		45h	→ Set Iteration Count
		65h	→ Get Iteration Count
☒	AX	= 1, 5	

⚠ Fehlercode 1 wird zurückgegeben, wenn der Gerätertreiber keine IOCTL-Funktionen unterstützt.
Fehlercode 5 wird zurückgegeben, wenn der Gerätertreiber die spezifizierten IOCTL-Funktion nicht unterstützt.

(i) Feststellen, ob die spezifizierte IOCTL-Funktion vom Gerätetreiber unterstützt wird.

IOCTL	**5.0**	**44h**
Query IOCTL Device		**11h**

➤	AL	= 11h	
	BX	= Laufwerk (0 = aktuell, 1 = A, 2 = B, ...)	
	CH	= Kategorie:	
		08	→ Laufwerk
	CL	= Funktion:	
		40h	→ Set Device Parameters
		41h	→ Write Track Logic.Drive
		42h	→ Format Track Logic.Drive
		46h	→ Set Media ID
		60h	→ Get Device Parameters
		61h	→ Read Track Logic.Drive
		62h	→ Verify Track Logic.Drive
		66h	→ Get Media ID
		68h	→ Sense Media Type
☒	AX	= 1, 5, 0Fh	

IOCTL Query IOCTL Device	5.0	44h 11h

⚠ Fehlercode 1 wird zurückgegeben, wenn der Gerätetreiber keine IOCTL-Funktionen unterstützt.
Fehlercode 5 wird zurückgegeben, wenn der Gerätetreiber die spezifizierten IOCTL-Funktion nicht unterstützt.

ⓘ Feststellen, ob die spezifizierte IOCTL-Funktion vom Laufwerk unterstützt wird.

2.11.1 Generische Ein-/Ausgabe-Kontrolle für zeichenorientierte Geräte

Mit den folgenden Funktionen kann die Schnittstelle zwischen Applikationsprogramm und einem zeichenorientierten Gerät definiert werden.

IOCTL Set Iteration Count	3.3	44h 0Ch 45h

➤ AL   = 0Ch
  BX   = Handle
  CH   = Kategorie:
           01   → serielle Schnittstelle
           03   → Standardausgabe
           05   → parallele Schnittstelle
  CL   = 45h
  DS:DX = Zeiger auf Speicherwort mit Iterationszahl

☒ AX   = 1, 6 oder treiberspezifischer Fehlercode

ⓘ Setzen der Anzahl der Ausgabewiederholungen, wenn Gerät nicht bereit ist.

IOCTL Select Code-Page	3.3	44h 0Ch 4Ah

➤ AL   = 0Ch
  BX   = Handle
  CH   = Kategorie:
           01   → serielle Schnittstelle
           03   → Standardausgabe
           05   → parallele Schnittstelle
  CL   = 4Ah
  DS:DX = Zeiger auf Code-Page-ID

```
CodePage STRUC
   cpLength        dw 2 ; always two
   cpID            dw ? ; code-page identifier
CodePage ENDS
```

ⓘ Setzen der gerätespezifischen Code-Page, welche in der Liste der vorbereiteten Code-Pages vorhanden sein muß.

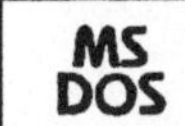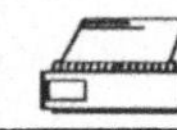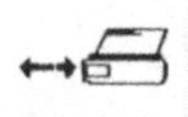

IOCTL Start Code-Page Prepare	3.3	44h 0Ch 4Ch

➤ AL = 0Ch
BX = Handle
CH = Kategorie:
    01 → serielle Schnittstelle
    03 → Standardausgabe
    05 → parallele Schnittstelle
CL = 4Ch
DS:DX = Zeiger auf 8-Byte-Puffer mit Code-Page-Definition

```
CPPrepare STRUC
  cppFlags  dw 0              ; flags (device specific)
  cppLength dw (CodePage_IDs+1)*2 ; structure length
                             ; in bytes
  cppIDs    dw CodePage_IDs       ; number of code-
                             ; pages in list
  cppID     dw CodePage_IDs dup (?) ; array of code-
                             ; pages
CPPrepare ENDS
```

⚠ Nach Aufruf dieser Funktion muß das Programm Definitionsdaten für Code-Page-Zeichensätze mit der Unterfunktion 03h von Funktion 44h in den Gerätetreiber schreiben. Das Ende wird mit der Unterfunktion End Code-Page Prepare deklariert.

ⓘ Zuweisung einer neuen Code-Page für den Gerätetreiber beginnen.

IOCTL End Code-Page Prepare	3.3	44h 0Ch 4Dh

➤ AL = 0Ch
BX = Handle
CH = Kategorie:
    01 → serielle Schnittstelle
    03 → Standardausgabe
    05 → parallele Schnittstelle
CL = 4Dh

ⓘ Zuweisung einer neuen Code-Page für den Gerätetreiber beenden.

IOCTL Set Display Mode	4.0	44h 0Ch 5Fh

➤ AL = 0Ch
BX = Handle
CH = Kategorie:
    03 → Standardausgabe
CL = 5Fh
DS:DX = Zeiger auf 18-Byte-Puffer mit Konfigurationsdaten

<table>
<tr><td></td><td></td><td></td><td></td><td>↔🖅</td><td></td></tr>
</table>

IOCTL **Set Display Mode**	4.0	**44h 0Ch 5Fh**

```
➤   DisplayMode STRUC
      dmInfoLevel    db  0  ;  must be zero
      dmReserved1    db  ?  ;  reserverd
      dmDataLength   dw  ?  ;  length of remaining data
      dmFlags        dw  ?  ;  control flags
      dmMode         db  ?  ;  display mode
      dmReserved2    db  ?  ;  reserved
      dmColors       dw  ?  ;  number of colors
      dmWidth        dw  ?  ;  screen width in pixels
      dmLength       dw  ?  ;  screen length in pixels
      dmColumns      dw  ?  ;  columns
      dmRows         dw  ?  ;  rows
    DisplayMode ENDS
```

☒   AX   = 1, 5, 6

⚠   Es muß der ANSI.SYS-Treiber geladen sein.

ⓘ   Setzen des Bildschirm-Modus.

IOCTL **Get Iteration Count**	3.3	**44h 0Ch 65h**

➤   AL   = 0Ch
BX   = Handle
CH   = Kategorie:
          01   → serielle Schnittstelle
          03   → Standardausgabe
          05   → parallele Schnittstelle
CL   = 65h
DS:DX   = Zeiger auf Speicherwort

☒   AX   = 1, 6 oder treiberspezifischer Fehlercode

ⓘ   Lesen der Anzahl der Ausgabewiederholungen, wenn
Gerät nicht bereit ist.

IOCTL **Query Selected Code-Page**	3.3	**44h 0Ch 6Ah**

➤   AL   = 0Ch
BX   = Handle
CH   = Kategorie:
          01   → serielle Schnittstelle
          03   → Standardausgabe
          05   → parallele Schnittstelle
CL   = 6Ah
DS:DX   = Zeiger auf CodePage:

```
CodePage STRUC
  cpLength       dw  2  ;  always two
  cpID           dw  ?  ;  code-page identifier
CodePage ENDS
```

ⓘ   Lesen der Anzahl der Ausgabewiederholungen, wenn
Gerät nicht bereit ist.

				←→🖨	

IOCTL		**44h**
Query Code-Page Prepare List	3.3	**0Ch**
		6Bh

```
➤  AL   = 0Ch
   BX   = Handle
   CH   = Kategorie:
          01          → serielle Schnittstelle
          03          → Standardausgabe
          05          → parallele Schnittstelle
   CL   = 6Bh
   DS:DX = Zeiger auf 54-Byte-Puffer
```

```
CPList STRUC
   cplLength     dw   ((HW_IDs+1)+(Prepared_IDs+1))*2
   cplHIDs       dw   HW_IDs
                      ; number of hardware code-pages
   cplHid        dw   HW_IDs dup (?)
                      ; array of hardware code-pages
   cplPIDs       dw   Prepared_IDs
                      ; number of prepared code-pages
   cplPid        dw   Prepared_IDs dup (?)
                      ; array of prepared code-pages
CPList ENDS
```

⚠ Es können bis zu 12 Code-Page-Kennzeichnungsbytes zurückgegeben werden.

ⓘ Lesen der Code-Page-Kennzeichnungsbytes für das spezifizierte Gerät.

IOCTL		**44h**
Set Display Mode	4.0	**0Ch**
		7Fh

```
➤  AL   = 0Ch
   BX   = Handle
   CH   = Kategorie:
          03          → Standardausgabe
   CL   = 7Fh
   DS:DX = Zeiger auf DisplayMode
           (→ Set Display Mode)
```

☒ AX = 1, 5, 6

⚠ Es muß der ANSI.SYS-Treiber geladen sein.

ⓘ Lesen des Bildschirm-Modus.

2.11.2   Generische Ein-/Ausgabe-Kontrolle für blockorientierte Geräte

Die Schnittstelle zwischen Applikationsprogramm und einem blockorientierten Gerät wird mit den folgenden Funktionen definiert.

				↔▱	

IOCTL **Set Device Parameters**	3.2	**44h** **0Dh** **40h**

➤ AL   = 0Dh
  BX   = Laufwerk (0 = aktuell, 1 = A, ...)
  CH   = Kategorie:
            08   → Laufwerk
  CL   = 40h
  DS:DX   = Zeiger auf DeviceParams

```
DeviceParams STRUC
   dpSpecFunc     db  ?  ; special functions
   dpDevType      db  ?  ; device type
   dpDevAttr      dw  ?  ; device attributes
   dpCylinders    dw  ?  ; number of cylinders
   dpMediaType    db  ?  ; media type
    ; start of BIOS parameter block (BPB)
   dpBytesPerSec dw  ?  ; bytes per sector
   dpSecPerClust db  ?  ; sectors per cluster
   dpResSectors   dw  ?  ; number of reserved sectors
   dpFATs         db  ?  ; number of FATs
   dpRootDirEnts dw  ?  ; number of root-dir. entries
   dpSectors      dw  ?  ; total number of sectors
   dpMedia        db  ?  ; media descriptor
   dpFATsecs      dw  ?  ; number of sectors per FAT
   dpSecPerTrack dw  ?  ; sectors per track
   dpHeads        dw  ?  ; number of heads
   dpHiddenSecs  dd  ?  ; number of hidden sectors
   dpHugeSectors dd  ?  ; number of sectors if
                        ; dpSector = 0
DeviceParams ENDS
```

☒ AX   = 1, 2, 5

ⓘ Setzen der Parameter für ein spezifiziertes Laufwerk.

IOCTL **Write Track on Logical Drive**	3.2	**44h** **0Dh** **41h**

➤ AL   = 0Dh
  BX   = Laufwerk (0 = aktuell, 1 = A, ...)
  CH   = Kategorie:
            08   → Laufwerk
  CL   = 41h
  DS:DX   = Zeiger auf RWBlock

```
RWBlock STRUC
   rwSpecFunc     db  0  ; must be zero
   rwHead         dw  ?  ; head to read/write
   rwCylinder     dw  ?  ; cylinder to read/write
   rwFirstSector dw  ?  ; first sector to read/write
   rwSectors      dw  ?  ; number of sectors to r/w
   rwBuffer       dd  ?  ; address of buffer for r/w
RWBlock ENDS
```

☒ AX   = 1, 2, 5

ⓘ Daten aus einem Puffer auf eine Spur eines spezifierten
   Laufwerks schreiben.

				↔◻	

IOCTL		44h
Format Track on Logical	3.2	**0Dh**
Drive		**42h**

➤ AL = 0Dh
BX = Laufwerk (0 = aktuell, 1 = A, ...)
CH = Kategorie:
08 → Laufwerk
CL = 42h
DS:DX = Zeiger auf FVBlock

```
FVBlock STRUC
  fvSpecFunc     db 0  ; must be zero
  fvHead         dw ?  ; head to format/verify
  fvCylinder     dw ?  ; cylinder to format/verify
FVBlock ENDS
```

☒ AX = 1, 2, 5

ⓘ Formatierung einer Spur auf einem spezifizierten Laufwerk.

IOCTL		44h
Set Media ID	4.0	**0Dh**
		46h

➤ AL = 0Dh
BX = Laufwerk (0 = aktuell, 1 = A, ...)
CH = Kategorie:
08 → Laufwerk
CL = 46h
DS:DX = Zeiger auf MID

```
MID STRUC
  midInfoLevel   dw 0            ; information level
  midSerialNum   dd ?            ; serial number
  midVolLabel    db 11 dup (?)   ; ASCII volume label
  midFileSysT    db 8 dup (?)    ; file sytem type
MID ENDS
```

☒ AX = 1, 2, 5

ⓘ Setzen des Volume-Namens, der Seriennummer und des Dateisystems für ein spezifiziertes Laufwerk.

IOCTL		44h
Get Device Parameters	3.2	**0Dh**
		60h

➤ AL = 0Dh
BX = Laufwerk (0 = aktuell, 1 = A, ...)
CH = Kategorie:
08 → Laufwerk
CL = 60h
DS:DX = Zeiger auf DeviceParams
(→ Set Device Parameters)

☒ AX = 1, 2, 5

ⓘ Lesen der Parameter für ein spezifiziertes Laufwerk.

				↔▱	

IOCTL **Read Track on Logical Drive**	3.2	**44h** **0Dh** **61h**

➤ AL   = 0Dh
  BX   = Laufwerk (0 = aktuell, 1 = A, ...)
  CH   = Kategorie:
           08   → Laufwerk
  CL   = 61h
  DS:DX = Zeiger auf RWBlock
           (→ Write Track on Logical Drive)

☒ AX   = 1, 2, 5

ⓘ Daten aus einer Spur eines spezifierten Laufwerks in
  einen Puffer lsen.

IOCTL **Verify Track on Logical Drive**	3.2	**44h** **0Dh** **62h**

➤ AL   = 0Dh
  BX   = Laufwerk (0 = aktuell, 1 = A, ...)
  CH   = Kategorie:
           08   → Laufwerk
  CL   = 62h
  DS:DX = Zeiger auf FVBlock
           (→ Format Track on Logical Drive)

☒ AX   = 1, 2, 5

ⓘ Verifizierung einer Spur auf einem spezifizierten Lauf-
  werk.

IOCTL **Get Media ID**	4.0	**44h** **0Dh** **66h**

➤ AL   = 0Dh
  BX   = Laufwerk (0 = aktuell, 1 = A, ...)
  CH   = Kategorie:
           08   → Laufwerk
  CL   = 66h
  DS:DX = Zeiger auf MID (→ Set Media ID)

☒ AX   = 1, 2, 5

ⓘ Lesen des Volume-Namens, der Seriennummer und des
  Dateisystems eines spezifizierten Laufwerks.

IOCTL **Sense Media Type**	5.0	**44h** **0Dh** **68h**

➤ AL   = 0Dh
  BX   = Laufwerk (0 = aktuell, 1 = A, ...)
  CH   = Kategorie:
           08   → Laufwerk
  CL   = 68h
  DS:DX = Zeiger auf 2-Byte-Puffer

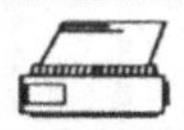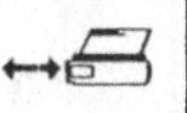

IOCTL Sense Media Type	5.0	44h 0Dh 68h

➤	Offset	Inhalt	
	0	01 00	→ Standard-Medientyp → anderer Medientyp
	1	02 07 09	→ 720 KByte-Diskette → 1,44 MByte-Diskette → 2,88 MByte-Diskette

🗷 AX = 1,5

ⓘ Lesen des Medientyps eines spezifizierten Laufwerks.

2.12 Netzwerk-Funktionen

IOCTL Is Drive Remote	3.1	44h 09h

➤ AL = 09h
 BL = Laufwerk (0 = aktuell, 1 = A, 2 = B, ...)

☑ DX = Bit 12:   0 → lokal
              1 → rechnerfern

Für lokale Laufwerke:

Bit	Inhalt
1	1 → 32-Bit-Sektoradressierung
6	1 → Akzeptiert die Unterfunktion 0Dh, 0Eh und 0Fh von Funktion 44h
7	1 → Akzeptiert Unterfunktion 11h von Funktion 44h
9	1 → Laufwerk ist lokal, andere Rechner im Netzwerk können jedoch zugreifen
11	1 → Akzeptiert Unterfunktion 08h von Funktion 44h
13	1 → Benötigt Mediendeskriptor in FAT
14	1 → Akzeptiert die Unterfunktion 04h und 05h von Funktion 44h
15	1 → Substitutionslaufwerk (z.B. durch SUBST)

Alle übrigen Bits haben den Wert Null.

🗷 AX = 1,0Fh

ⓘ Prüft, ob ein Laufwerk lokal oder über ein Netzwerk erreichbar ist.

   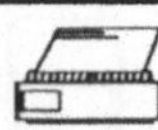 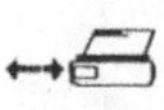 

IOCTL **Is File or Device Remote**	3.1	**44h** **0Ah**

▸ | AL | = 0Ah |
  | BX | = Handle |

☑ | DX | = Bit 7: | 0 → Datei |
		1 → Gerät
	Bit 15:	0 → lokal
		1 → rechnerfern

Für lokale Dateien:

Bit	Inhalt
0-5	Laufwerknummer (0 = aktuell, 1 = A, ...)
6	1 → Datei wurde nicht beschrieben
12	1 → Nicht vererbt
14	1 → Datum/Zeit werden beim Schließen nicht gesetzt

Für lokale Geräte:

Bit	Wert	Bedeutung
0	1	→ Standardeingabe
1	1	→ Standardausgabe
2	1	→ NULL-Gerät
3	1	→ Uhrengerät
4	1	→ Spezialgerät
5	0	→ Datei im ASCII-Modus, d.h MS-DOS reagiert auf Control-C, Control-S, Control-P, Control-Z und Carriage-Return besonders
	1	→ Datei im Binär-Modus, d.h. MS-DOS behandelt alle Zeichen als Daten
6	0	→ EOF wird bei Eingabe zurückgegeben
11	1	→ Netzwerk-Drucker
12	1	→ Nicht vererbt
13	1	→ Named pipe

Alle übrigen Bits haben den Wert Null.

☒ | AX | = 1, 6 |

ⓘ Prüft, ob eine Datei oder ein Gerät lokal oder über ein Netzwerk erreichbar ist.

				↔◰	

Get Machine Name	3.1	**5Eh** **00h**

➤ AL = 00h
   DS:DX = Zeiger auf 16-Byte-Puffer

☑ CH = 00h   → Name nicht definiert
   ≠ 00h   → Name definiert
   CL = netBIOS-Nummer, wenn Name definiert

☒ AX = 1

⚠ Es muß ein Netzwerk aktiv sein.
Der Zielpuffer besteht aus 15 Byte für den Bezeichner
und einem nachfolgenden 00h-Byte.

ⓘ Liefert den Namen des lokalen Computers, mit dem
dieser im Netzwerk identifiziert wird.

Set Printer Setup String	3.1	**5Eh** **02h**

➤ AL = 02h
   BX = Netzwerk-Geräteindex
   CX = Länge der Zeichenkette (max. 64 Byte)
   DS:DI = Zeiger auf Zeichenkette

☒ AX = 1

⚠ Der Netzwerk-Geräteindex kann mit Funktion 5Fh Unter-
funktion 02h eingelesen werden.

ⓘ Festlegung der Zeichenkette, die vor jedem Zugriff auf
den Systemdrucker an diesen zur Initialisierung gesendet
wird.

Get Printer Setup String	3.1	**5Eh** **03h**

➤ AL = 03h
   BX = Netzwerk-Geräteindex
   ES:DI = Zeiger auf 64-Byte-Puffer für Initialisierungs-

☑ CX = Länge der Zeichenkette

☒ AX = 1

⚠ Der Netzwerk-Geräteindex kann mit Funktion 5Fh Unter-
funktion 02h eingelesen werden.

ⓘ Gibt die Zeichenkette zurück, mit der der Systemdrucker
vor jedem Zugriff initialisiert wird.

Get Assign-List Entry	3.1	**5Fh** **02h**

➤ AL = 02h
   BX = Netzwerk-Geräteindex
   DS:SI = Zeiger auf 16-Byte-Puffer für lokalen Namen
   ES:DI = Zeiger auf 128-Byte-Puffer für Netzwerk-
           Namen

☑ BH = Geräte-Status:
        00   → bereit
        01   → zeitweise nicht bereit
   BL = Geräte-Typ:
        03   → Drucker
        04   → Laufwerk
   CX = Netzwerk-Geräteindex

				←→▱	

Get Assign-List Entry	3.1	**5Fh** **02h**

☒ AX   = 1, 12h

⚠ Das Netzwerk verwaltet die Geräteindizes immer mit Null
beginnend. Wird ein Gerät aus dem Netzwerk entfernt,
wird die Geräteliste neu durchnummeriert. Mit der Funk-
tion 5Fh Unterfunktion 03h kann das Programm den
Index vorbelegen.

ⓘ Auffrischung der lokalen und der Netzwerk-Namen bezo-
gen auf einen Geräteindex.

Make Network Connection	3.1	**5Fh** **03h**

➤ AL   = 03h
BL   = Geräte-Typ:
    03   → lokaler Drucker
    04   → lokales Laufwerk
DS:SI = Zeiger auf 16-Byte-ASCIIZ-Puffer für loka-

☒ AX   = 1, 3, 5, 8, 0Fh, 12h, 57h

⚠ Das Netzwerk verwaltet die Geräteindizes immer mit Null
beginnend. Wird ein Gerät aus dem Netzwerk entfernt,
wird die Geräteliste neu durchnummeriert. Mit dieser
Funktion kann der Index vorbelegt werden. Ein Applika-
tionsprogramm kann diesen Index abprüfen mit Funktion
5Fh Unterfunktion 02h.
Im Puffer für den lokalen Namen steht bei einer Um-
leitung eines lokalen Geräts entweder die Bezeichnung
der Druckerschnittstelle (PRN, LPT1, LPT2, LPT3) oder
eine Laufwerkskennung (z.B. C:).
Der Netzwerk-Puffer besteht aus zwei aufeinander folgen-
de ASCIIZ-Zeichenketten. Die erste beinhaltet den Netz-
werk-Namen, die zweite das Paßwort für das Netzwerk-
Gerät bzw. -Laufwerk.

ⓘ Herstellung einer Netzwerkverbindung zu einem Lauf-
werk oder einem Gerät bzw. Umleitung eines lokalen
Laufwerks oder eines lokalen Geräts, wenn DS:SI auf
einen nicht-leeren Puffer zeigt.

Delete Network Connection	3.1	**5Fh** **04h**

➤ AL   = 04h
DS:SI = Zeiger auf lokalen Namen

☒ AX   = 1, 0Fh

⚠ Der lokale Name als ASCII-Zeichenkette, die mit einem
00h-Byte beendet wird (ASCIIZ), kann sein:
o eine Laufwerkskennzeichnung (z.B. C:)
o eine Druckerkennzeichnung (PRN, LPT1, LPT2, LPT3)
o Zwei umgekehrte Schrägstriche: '\\'. MS-DOS hebt
hiermit die Verbindung zwischen dem lokalen Rechner
und dem Netzwerk-Verzeichnis auf.

ⓘ Aufhebung einer Netzwerk-Verbindung und Wiederher-
stellung der Verbindung zu einem lokalen Laufwerk oder
Gerät.

 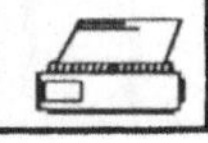 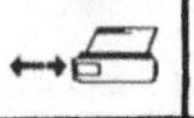 

2.13 Landessprachen-Funktionen

Die Wahl des Landeseinstellung, die beispielsweise vom Tastatur-treiber benötigt wird, legt unter anderem die Darstellung des Datums und der Uhrzeit fest. Dieser Ländercode entspricht der internationalen Telefonvorwahl des Landes, also für Deutschland 049 und für die Vereinigten Staaten 001. Der Standard-Ländercode wird durch Tastaturtreiber festgelegt, wenn dieser geladen ist, ansonsten durch die Festlegung des Computer-Herstellers.

Ab MS-DOS-Version 3.3. wird die Darstellung von Zeichen (Zeichentabelle), die von der Landessprache abhängen, wie zum Beispiel die deutschen Umlaute, durch die sogenannte *Code-Page* verwaltet.

Code-Page	
Wert	Bedeutung (Sprache)
0FFFFh	aktuelle Einstellung
437	USA
850	Multilingual
852	slavische Sprachen
860	Portugisisch
863	Franko-kanadisch
865	nordische Sprachen

Get/Set Country Data	2.0	38h

➤ Lesen:
DS:DX = Zeiger auf COUNTRYINFO-Puffer
AL = < 0FFh → Ländercode
            (00h = aktuelles Land)
    = 0FFh → BX = Ländercode

Setzen:
DS:DX = 0FFFFh
    ≠ 00h → Setzen für aktuelles Land
    = 00h → Setzen für spezielles Land
    = Ländercode bei AL = 0FFh

   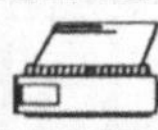 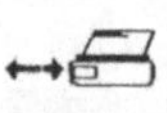 

Get/Set Country Data	2.0	38h

➤
```
COUNTRYINFO STRUC
  ciDateFormat  dw ?  ; date format
                      ; 0 → month day year (USA)
                      ; 1 → day month year (Europe)
                      ; 2 → year month day (Japan)
  ciCurrency    db 5 dup (?) ; currency symbol
  ciThousands   db 2 dup (?) ; thousands separator
  ciDecimal     db 2 dup (?) ; decimal separator
  ciDateSep     db 2 dup (?) ; date separator
  ciTimeSep     db 2 dup (?) ; time separator
  ciBitField    db ?  ; currency format:
                      ; Bit 0:
                      ;  0 → curr. symbol preceeds
                      ;       amount
                      ;  1 → curr. symbol follows
                      ;       amount
                      ; Bit 1:
                      ;  0 → without separator
                      ;  1 → with separator (space)
                      ;       between curr. symbol
                      ;       and amount
  ciCurrPlaces  db ?  ; places after decimal point
  ciTimeFormat  db ?  ; time format
                      ; 0 → 12-hour-format
                      ; 1 → 24-hour-format
  ciCaseMap     dd ?  ; address of case-mapping
                      ; routine
  ciDataSep     db 2 dup (?) ; data-list separator
  ciReserved    db 10 dup (?)  ; reserved
COUNTRYINFO ENDS
```

☒ AX   = 1, 2

⚠ Die Trennzeichen (Separatoren) werden als ASCIIZ-Zeichenketten zurückgegeben.
Funktion 65h liefert weitere landesspezifische Informationen.

ⓘ Gibt länderspezifische Informationen über das aktuelle Land zurück. Ab Version 3 ist auch das Setzen des aktuellen Ländercodes möglich.

Get Extended Country Data	3.3	65h 01h

➤
```
AL    = 01h
BX    = Code-Page
CX    = Länge des Puffers für Informationen
DX    = Ländercode (0FFh = Standard)
ES:DI = Zeiger auf EXTCOUNTRYINFO-Struktur
```

   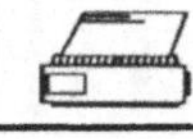 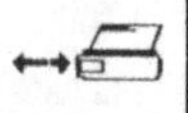 

Get Extended Country Data	3.3	65h 01h

```
EXTCOUNTRYINFO STRUC
  eciLength       dw ?   ; size of structure in bytes
  eciCountryCode  dw ?   ; country code
  eciCodePageID   dw ?   ; code-page identifier
  eciDateFormat   dw ?   ; date format
                         ; 0 → month day year (USA)
                         ; 1 → day month year (Europe)
                         ; 2 → year month day (Japan)
  eciCurrency     db 5 dup (?) ; currency symbol
  eciThousands    db 2 dup (?) ; thousands separator
  eciDecimal      db 2 dup (?) ; decimal separator
  eciDateSep      db 2 dup (?) ; date separator
  eciTimeSep      db 2 dup (?) ; time separator
  eciBitField     db ?   ; currency format:
                         ; Bit 0:
                         ;   0 → curr. symbol preceeds
                         ;       amount
                         ;   1 → curr. symbol follows
                         ;       amount
                         ; Bit 1:
                         ;   0 → without separator
                         ;   1 → with separator (space)
                         ;       between curr. symbol
                         ;       and amount
  eciCurrPlaces   db ?   ; places after decimal point
  eciTimeFormat   db ?   ; time format
                         ; 0 → 12-hour-format
                         ; 1 → 24-hour-format
  eciCaseMap      dd ?   ; address of case-mapping
                         ; routine
  eciDataSep      db 2 dup (?) ; data-list separator
  eciReserved     db 10 dup (?)  ; reserved
EXTCOUNTRYINFO ENDS
```

☒	AX = 1, 2

ⓘ Gibt erweiterte länderspezifische Informationen über das aktuelle Land.

Get Uppercase Table	3.3	65h 02h

➤ AL = 02h
BX = Code-Page
CX = Länge des Puffers für Informationen (≥ 5 Byte)
DX = Ländercode (0FFh = Standard)
ES:DI = Zeiger auf INFOBUFFER-Struktur

```
INFOBUFFER STRUC
  ibID         db 02h   ; identifier of uppercase
                        ; table
  ibPointer    dd ?     ; pointer to the table
INFOBUFFER ENDS
```

☒	AX = 1, 2

⚠ Durch die Großbuchstaben-Tabelle können alle Zeichen mit einem ASCII-Code > 128 umgewandelt werden entsprechend der landespezifischen Festlegungen.

ⓘ Gibt einen Zeiger auf die Tabelle der Großbuchstaben zurück.

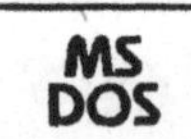   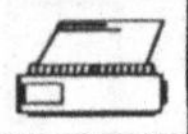 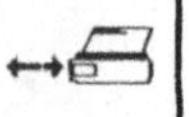 

Get Filename Uppercase Table	3.3	65h 04h

> AL   = 04h
  BX   = Code-Page
  CX   = Länge des Puffers für Informationen
            (≥ 5 Byte)
  DX   = Ländercode (0FFh = Standard)
  ES:DI   = Zeiger auf INFOBUFFER-Struktur

```
INFOBUFFER STRUC
   ibID            db 04h    ; identifier of filename
                             ; uppercase table
   ibPointer       dd ?      ; pointer to the table
INFOBUFFER ENDS
```

☒ AX   = 1, 2

⚠ Durch die Großbuchstaben-Tabelle können alle Zeichen mit einem ASCII-Code > 128 umgewandelt werden entsprechend der landespezifischen Festlegungen.

ⓘ Gibt einen Zeiger auf die Tabelle der Großbuchstaben für Dateinamen zurück.

Get Filename-Character Table	3.3	65h 05h

> AL   = 05h
  BX   = Code-Page
  CX   = Länge des Puffers für Informationen
            (≥ 5 Byte)
  DX   = Ländercode (0FFh = Standard)
  ES:DI   = Zeiger auf INFOBUFFER-Struktur

```
INFOBUFFER STRUC
   ibID            db 05h    ; identifier of filename-
                             ; character table
   ibPointer       dd ?      ; pointer to the table
INFOBUFFER ENDS
```

☒ AX   = 1, 2

⚠ Die ersten zwei Byte geben die Länge der Tabelle an.

ⓘ Gibt einen Zeiger auf die Tabelle der illegalen Zeichen für Dateinamen zurück.

Get Collate-Sequence Table	3.3	65h 06h

> AL   = 06h
  BX   = Code-Page
  CX   = Länge des Puffers für Informationen
            (≥ 5 Byte)
  DX   = Ländercode (0FFh = Standard)
  ES:DI   = Zeiger auf INFOBUFFER-Struktur

```
INFOBUFFER STRUC
   ibID            db 06h    ; identifier of collate-
                             ; sequence table
   ibPointer       dd ?      ; pointer to the table
INFOBUFFER ENDS
```

☒ AX   = 1, 2

⚠ Die ersten zwei Byte geben die Länge der Tabelle an.

    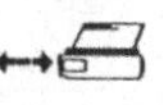 

Get Collate-Sequence Table	3.3	65h 06h

ⓘ Gibt einen Zeiger auf die Tabelle zurück, die für die 256 Zeichen der ASCII-Tabelle die Gewichtung für Sortierfunktionen enthält.

Get Double-Byte Character Set	3.3	65h 07h

➤
```
AL    = 07h
BX    = Code-Page
CX    = Länge des Puffers für Informationen
        (≥ 5 Byte)
DX    = Ländercode (0FFh = Standard)
ES:DI = Zeiger auf INFOBUFFER-Struktur
```

```
INFOBUFFER STRUC
   ibID          db 07h    ; identifier DBCS values
   ibPointer     dd ?      ; pointer to the table
INFOBUFFER ENDS
```

☒ AX = 1, 2

⚠ Die ersten zwei Byte geben die Länge der Tabelle an.

ⓘ Gibt einen Zeiger auf die Tabelle zurück, welche in 2-Byte-Paaren den unteren und den oberen Grenzwert für Führungsbyte-Werte beinhaltet.

Convert Character	3.3	65h 20h

➤
```
AL = 20h
DL = Zeichen zum Umwandeln
```

☑ DL = umgewandeltes Zeichen

ⓘ Wandelt ein ASCII-Zeichen in einen Großbuchstaben um, wenn ein entsprechendes Zeichen existiert.

Convert String	3.3	65h 21h

➤
```
AL    = 21h
CX    = Länge der Zeichenkette
DS:DX = Zeiger auf die Zeichenkette
```

ⓘ Wandelt eine ASCII-Zeichenkette in die entsprechenden Großbuchstaben um, wenn diese existieren.

Convert ASCIIZ String	3.3	65h 22h

➤
```
AL    = 22h
DS:DX = Zeiger auf die Zeichenkette
```

ⓘ Wandelt eine mit einem Null-Byte terminierte ASCII-Zeichenkette in die entsprechenden Großbuchstaben um, wenn diese existieren.

Get Global Code-Page	3.3	66h 01h

> AL = 01h

☑ BX = Benutzer-Code-Page
DX = System-Code-Page

⚠ Die System-Code-Page wird beim Starten des Betriebssystems gesetzt. Die Benutzer-Code-Page ist diejenige, die zu einem späteren Zeitpunkt gesetzt wurde.

ⓘ Gibt die aktuelle Code-Page-Einstellung des System zurück.

Set Global Code-Page	3.3	66h 02h

> AL = 02h
BX = Benutzer-Code-Page

ⓘ Setzt die aktuelle Code-Page für das System.

Literaturhinweise

Rector, Russel
Alexy, George
Das 8088/8086 Buch
tewi Verlag

80286 & 80287 Programmer's Reference Manual
Intel Semiconductor GmbH

80386 System Software Writer's Guide
Intel Semiconductor GmbH

i486 Programmer's Reference Manual
Intel Semiconductor GmbH

MS-DOS Programmer's Reference - Version 5
Microsoft Press

Brown, Ralf
Kyle, Jim
PC-Interrupts
Adison-Wesley

Duncan, Ray
MS-DOS für Fortgeschrittene
Vieweg Verlag

Assemblerprogrammierung mit dem PC

Eine schrittweise und praxisnahe Einführung.
von Joachim Erdweg

1991. VIII, 211 Seiten. Kartoniert.
ISBN 978-3-528-05231-7

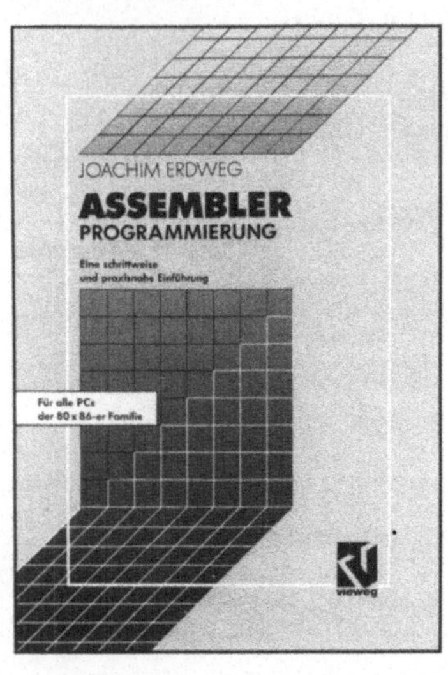

Dieses Buch ist eine praxisgerechte und leicht-
verständliche Einführung in die Assemblerpro-
grammierung. Ziel ist es, den Leser in die Lage
zu versetzen, Assemblerprogramme auch in
höhere Programmiersprachen sinnvoll einbin-
den zu können. Ausgegangen wird von der Dar-
stellung der Grundlagen sowohl der 80 x 86-
Prozessoren wie der DOS-Programmierung.

5 1/4"-Diskette für IBM PC und Kompatible unter
MS-DOS ab Vers. 2.00 mit Turbo- oder Macro-
Assembler, DM 48,—*
ISBN 978-3-528-05231-7

Verlag Vieweg
Postfach 58 29 · D-6200 Wiesbaden 1